U0155549

360°公式美学

花花 ········ 著

基于服饰色彩搭配
的整体形象管理指南

当代中国出版社
Contemporary China Publishing House

2020年·北京

图书在版编目(CIP)数据

360°公式美学:基于服饰色彩搭配的整体形象管理指南 / 花花著 . -- 北京 : 当代中国出版社,2020.1
ISBN 978-7-5154-0985-6

Ⅰ . ① 3… Ⅱ . ①花… Ⅲ . ①服装色彩—服饰美学—指南 Ⅳ . ① TS941.11-62

中国版本图书馆 CIP 数据核字(2019)第 260883 号

出 版 人　曹宏举
执行策划　华夏智库·张 杰
责任编辑　陈 莎
责任校对　康 莹
出版统筹　周海霞
封面设计　尚世视觉
出版发行　当代中国出版社
地　　址　北京市地安门西大街旌勇里 8 号
网　　址　http://www.ddzg.net　邮箱:ddzgcbs@sina.com
邮政编码　100009
编 辑 部　(010)66572264　66572154　66572132　66572180
市 场 部　(010)66572281　66572161　66572157　83221785
印　　刷　天津丰富彩艺印刷有限公司
开　　本　710 毫米×1000 毫米　1/16
印　　张　13 印张　220 千字
版　　次　2020 年 1 月第 1 版
印　　次　2020 年 1 月第 1 次印刷
定　　价　59.00 元

何为 360° 美学

俄罗斯作家契诃夫曾经说过："人的一切都应该是美的：容貌、衣裳、心灵、思想。"

提及 360°，人们会联想到很多方面。在数学中有 360°，它表示一个圆，涵盖全方位，无死角；在绩效考核中有 360° 评估，其特点是评价维度多元化；在虚拟技术中有 360° 全景，可以模拟出一个可交互的、虚幻的三维空间场景；在拍摄中有 360° 影像，可以用在汽车驾驶技术，以及在虚拟现实高科技中满足多种 VR 全景展示效果。而 360° 美学的说法，就是从上面这些概念中引申而来的。

360° 美学既涉及服装色彩的基础知识，也涉及服装的色彩搭配，涉及服装色彩与人、时间、场合、身份、气质的匹配，还涉及怎样穿出知性优雅的感觉、怎样穿出青春活力的感觉、怎样穿出性感华丽的感觉、怎样穿出高级感甚至怎样穿出社会责任感等。总之，穿衣的意义是为了衣以章身，最重要的则是穿出当下的和谐美，最终目的是让人驾驭衣服，而非衣服驾驭人。

人生在世，首先要解决的是基本生存条件问题。在这个问题已经解决的前提下，服饰问题自然就提到了重要的议事日程。特别是在今天人人都可以追求美、喜欢追求美的时代，服饰就显得更加重要。

人们普遍认为，人类最早的穿衣一是为了遮羞，二是为了御寒或消暑，三是为了美观。随着人类社会的发展，美观的意义越发凸显出来。

服饰美可以塑造人体美，勾画出人体不同的姿态美，从而创造出不同的风度美。所以，人的美，不管是内在美还是外在美，都离不开服饰美的衬托。俗话说，"人靠衣裳马靠鞍""三分长相七分打扮"，都反映了服饰美在我们生活中的重要性。

那么，怎样体现其重要性呢？

美国心理学家阿尔博·迈拉比尔提出了著名的"迈拉比尔法则"，他认为，很多因素都能对人的心理产生影响，其中，服饰、表情、动作等由眼睛判断产生的视觉信息占55%；声音的大小、速度和停顿等由听觉进行判断的信息占38%；说话内容和说话方式等语言信息占7%。

也就是说，外表对我们很重要，占据第一印象55%的比例。而这最重要的55%是由我们穿着服装的颜色款式，以及我们自身的面貌和身材特征决定的。

众所周知，服装选择看重的是质料、色彩和款式等；而一款服饰能否让人怦然心动，关键在于色彩的搭配。俗语"先色后型"说的就是这个道理。

今天，虽然人们穿戴衣物的基本原因还是为了取暖、消暑和遮羞，但更是为了更好地装饰自己。服饰是一种强烈的、可视的交流语言，不论过去、现在，还是将来，都是一种心灵与外界对话的形式。它能告诉我们：穿着特定服装的是哪类人、不是哪类人、将要成为什么样的人。

虽然人人都穿衣服，并不等于人人都懂得如何穿好衣服。很多人都听说过一句名言：美是学出来的，而不是悟出来的。但是，现实生活中仍然有很多人在苦苦地悟着穿衣之道，虽然悟得如隔靴搔痒般不得要领。

倘若不明白诸如色彩的三要素，颜色具有冷暖、深浅、艳浊的属性；不同的颜色代表着不同的寓意、色彩的搭配规律，以及色彩与人的身份、形体、气质、年龄、时间、场合的匹配规则，又怎么能够谈得上穿着得体和美欢呢？

所以，光是穿着的色彩搭配，里面就有诸多的学问。当然，这并没有强制要求我们一定要做色彩专家，但起码应该大体明白并且掌握其中的一些穿衣门道，以便在服饰着装上做一个明白人，而不是一知半解的门外汉。

古人说："三代为官做宦，方知穿衣吃饭。"可见，穿衣吃饭中的学问实在不可小觑。有一首打油诗云："入得门来油漆香，柜中无有旧衣裳，墙上挂着时人画，祖坟青松三寸长。"这是挖苦暴发户的。其实，恐怕没有人愿意以暴发户的形象示人。但不幸的是，由于不会穿衣一不小心就可能暴露暴发户的本质。

同时，服装色彩及其搭配也是有能量的，懂得穿衣搭配会增加自己的运气，不懂穿衣搭配则会糟蹋自己的运气。可以肯定的是，没有人愿意糟蹋自己的运气，谁都愿意增强自己的运气，这也是我们普及服饰美学的理由之一。

真正懂得穿衣打扮的人，绝不会让服装驾驭自己，而是由自己驾驭服装。看待另一个人的时候，不仅会看到他的穿着打扮，更会通过他的外在形象看到他背后的生活方式和学识教养，以及内在的灵魂。穿得好，每一件衣服都能扮靓你；穿着不得体，每一件衣服都会让你的形象减分。

希望这本书，能够帮助所有读者在服饰、色彩及搭配上扮靓自己，更希望大家在追求美的道路上都能成为行家里手。

冯尤花

2019 年 10 月 5 日

目 录

第九章
服饰时尚感的色彩搭配

第一章
美是生活，美是正义

　　把自己打扮得令人耳目一新，是一种绝对不亚于工作能力的能力，在时间就是金钱的时代，没有人有义务通过你邋遢的外表去认识你高尚的灵魂。如果你觉得自己有足够的内涵与才华，就不要让你的颜值配不上你的才华。

俗话说："爱美之心，人皆有之。"衣着打扮，对于一个人的仪表、风度有着重要的意义；衣衫、冠履、发式等的整洁和大方，都可以给他人带来赏心悦目之感，更能反映一个人的内在修养。正如一位名人说的："外表的优美和纯洁，应当是一个人内心优美和纯洁的表现。"

俄罗斯有一位叫车尔尼雪夫斯基的思想家有言："任何事物，凡是咱们在那里面看得见依照咱们明白应当如此的生活，那就是美的；任何东西，凡是显示生活或使咱们想起生活的，就是美的。"高尔基说："照天性来说，人都是艺术家，他无论在什么地方，总是希望把美带到他的生活中去。"

的确，如果人们不仅能执着地追求美，而且能敏锐地发现美、自觉地创造美，那么，不仅仅他们自身会变得更加完美，而且整个社会、咱们周围的一切，也都会变得更加完美，尤其是在这个美就是生活、美就是正义的时代。

如今，无论是服装产业、娱乐产业、美妆美容产业，还是电子等其他产业，民众越来越重视"颜值"的价值，高颜值带来的经济效益也在不断刷新纪录，称现在的时代为"颜值经济时代"也毫不为过。

一个开始全民追求美的民族，一定是在经济发展到一定程度、民众基本生活需求得到满足后，才会有的一种精神需求。"颜值经济"的本质是大众对于美的追求越来越热烈，美也越来越影响着人们的价值判断。虽然古话说"人不可貌相"，但是今天的人是越来越可以貌相的——因为幸福露于眼角，真伪映在瞳仁；站姿看出才华气度，步态可见自我认知；表情里有近来心境，眉宇间是过往岁月；衣着显审美，发型表个性；职业看手，修养看脚。所以，"颜值经济"的兴盛未必不是一种好现象。

1. 美在全方位无死角的时代

按照契诃夫的说法："人的一切都应该是美的：容貌、衣裳、心灵、思想。"

为什么说"人的一切都应该是美的"呢？中华民族的传说讲的是女娲娘娘创造了人。西方的《圣经》里说，上帝是按照自己的形象创造了人类。女娲娘娘是神，上帝是神，神应该是十全十美的形象，所以他们所造的人也应该是十全十美的。我国历史上的周武王说：人乃万物之灵。按照莎士比亚的解释："人是万物的灵长，宇宙的精华，多么高贵的理性，多么伟大的力量，多么优美的仪表，多么文雅的举动，在行为上多么像一个天使，智慧上多么像一个天神。"所以，如果做不到"人的一切都应该是美的"，显然有愧于人的光荣称号。

自从人类社会出现之后，美就开始萌芽，之后经过不断的发展，历经无数年。从原古人的泥土文身、兽皮裹身，到颈部挂满贝壳、兽齿，头上插满野鸡翎，可以看出，人们一直都在追求美、创造美。而且人类在追求美的道路上越走越远，一直走到今天。

过去讲"人不可貌相，海水不可斗量"，强调"不以貌取人"。而当下，有一句颇为流行的话：颜值就是生产力。美就是正义，颜值决定结果，甚至已经越来越成为社会的共识。

不管你是斯诺登，还是美女总检察长娜塔莉亚，对于他们如此高的颜值，网上总会出现这样的调侃："虽然我不知道他们做了什么，但是我觉得他们做的是对的，因为美就是正义。"这句话虽是调侃，但也说明，无论是求职就业，还是法庭审判，甚至是体操、跳水等体育比赛打分，人们总会情不自禁地偏向高颜值的人。

世界好像为颜值高的人开辟了一条捷径：犯了错容易得到原谅，即使是做了傻事，也会觉得可爱；只要随便做点什么，就能吸引一堆人围在身边；只要受到一点儿伤害，就能收到无数同情的目光。

美国曾做过一个实验，结果表明：同样的案情，如果受害者颜值高，就容易引起陪审人员的同情心，加重对罪犯的处罚。

即便是面对食物也是这样，传统菜肴的评判标准是"色香味"。你看，"色"也排在了前面，你不禁会有疑问，明明是放进嘴里的东西，味道才应该是最重要的，但是"色"还是占据了首要的地位。

如果一种商品自身的价值很低，但只要配以不俗的设计，呈现出美丽的外貌，价值就能大大提升，从香皂、蜡烛，到食盐、茶叶，很多领域都能找到类似的实例。难怪有人说："形象是你的第一货币，颜值是第一生产力。"

伦敦吉尔德霍尔大学曾经出过一份研究报告：长相一般的比长相漂亮的，工资要低 15%；缺乏吸引力的男性比有吸引力的男性，收入要低 15%。

在美国政府公布的一项"地区经济学家"中也有类似的报告：颜值高的人、会打扮的人，不仅薪水更高，而且会获得更好的升迁机会。

例如，长得胖的人和身材好的人相比，工资要低 17%；那些身材高挑的人，工资会高 16%。

总之，报告的最后指出："以外表来决定一个人的收入，在现代企业中已经是非常常见的了。"这已经是一个事实，无论你愿不愿意承认。

在现代化大型企业就职的管理者，他们多半都会身着精致的商务装，且身材良好，而外表看上去邋遢的主管和经理少之又少。在很多行业，一个人的外在形象、举止谈吐，已经成为个人专业能力的一部分。因此，把自己打扮得好看得体一些，也成为一项非常重要的能力。

从经济学层面来说，颜值高，本身就是一种稀缺资源。

前段时间，有一条新闻刷爆朋友圈：上海的一家民办名牌小学，除了给孩子们进行了入学考试外，也给家长们进行了一次入学考试，最后的结果是：不少家长因为身材肥胖，孩子无法入读名牌小学。

校方给出的原因是：父母是孩子的第一位老师，父母过度肥胖，说明他们自身没有自制力，也无法培养出有自制力的孩子。

美国作家芭芭拉在《我在底层的生活》一书中写道："越是底层的人，越不在意自己的身材与脸面。"有句话说，别相信外表邋遢的人有一颗高尚的灵魂，同样别相信身材走样的人会有出众的管理能力。

你以为颜值是天上掉下来的吗？

你以为好身材是从天上掉下来的吗？

你以为得体的服饰搭配、令人舒服的色调搭配是生来就有的吗？

正如形象管理大师科瑞克所说："颜值，是管理出来的。"

一位作家说："你的身材、你的脸、你的服饰，统统都是你能力的体现。"我们绝大部分的人都是平常人，但为什么有的人看起来能那么漂亮，让人感到舒服？是因为他们拥有出众的颜值管理能力。颜值管理能力，也是一种自我管理能力。

企业家褚时健曾讲过这样一个故事：

当年日本到中国来销售苹果——木村苹果，这种水果在日本赫赫有名，甜度极高，价格很高，利润空间极大。

不少中国商人看了也想种，但都失败了。只有一个商人成功了，其他人纷纷说："这只是巧合而已"。

后来，那位商人把自己种植果树的经验公开：他亲自到日本去分析了种苹果树的土壤构成，花了重金请日本果植师，并且经过无数次失败才找到门道。

褚时健说过一句话："很多时候，你所以为的巧合，不过是别人用心的结果。"

真正的财富，不是继承来的，而是自己双手打拼来的；同样，真正的颜值，也不是天生丽质，而是管理出来的，需要长期用心浇灌。

如今，颜值和金钱、权力等要素一样，已经成为人们竞相追逐的稀缺资源，颜值管理和金钱管理、时间管理一样，都成为一项非常重要的能力。

把自己打扮得令人耳目一新，是一种绝不亚于工作能力的能力，没有人有义务通过你邋遢的外表，认识你高尚的灵魂。那么，如果你觉得自己足够有内涵与才华，就不要让你的颜值配不上你的才华。

2. 佛靠金装，人靠衣装

大家都知道第一印象有多么重要。当我们初次认识一个人的时候，视觉是最直观的感受，如果第一印象很糟糕，那么以后花再多的时间和精力也不一定能够挽回。研究者发现，服装会"侵入"人的身体和思想，不仅能让穿着者产生完全不同的心理状态，更会影响别人对自己的看法。

举个例子，当你进入一个陌生的房间时，即使这个房间里面没有人认识你，但房间里面的人也可以根据你第一次的形象得出关于你的结论：经济、文化水平如何；可信任程度，是否值得依赖；社会地位如何，老练程度如何；你的家庭教养情况，是否是一位成功人士。

我们生活在一个看形象的世界里，如果穿着打扮不得体，就无法赢得别人对你在第一感官上的关注与好感。

虽然我们不是在强调形象至上，但依然希望能给有品的内在配上有品的包装。

回力是中国鞋业里的一个老牌子，它过去在中国大陆只卖二十几元一双，因为缺少宣传，所以一直半红不紫，无法进入主流市场。有一天，一个法国人来到中国，偶然间发现了它，觉得它耐穿价廉，后期经过包装，推销到欧洲，就在欧美刮起了一股"回力"风，上至名人，下至普通百姓，都大力抢购，价格一下子飙升到接近 500 元一双。

这个价格意味着什么？这意味着回力鞋在国外与耐克、阿迪等大牌处于同一价位，其质量得到了广泛认可。在过去，回力鞋缺乏机遇，缺少包装，结果一经包装，就创造了销售"奇迹"。

没有包装，本色就无法大放光彩；没有本色的支撑，也无法延续神话。可见，无论是商品，还是人，都需要在本色的基础上进行包装。

人生拼的是内涵，可是表达内涵的方式有千万种，其中有一种最直接、方便——通过衣装的搭配来展示一个人的气质和内涵。这已经成为一种共识。

的确，穿对衣服能提高影响力，你的穿着会影响人们是否听从你的领导或者照你说的做。

我们听说"人靠衣装"和"穿出成功"的话，事实上这两句俗语确实是能得到研究支持的。

在 Lefkowitz、Blake and Mouton（莱夫科维茨、布莱克和莫顿）（1955）的实验中：实验者在城市中多次违反交通信号穿过马路，当他穿着西装违规穿过马路时，紧跟其后乱穿马路的人数是他们穿衬衫和长裤时的 3.5 倍。可见，商务西装是一种权威衣着。

在 Bickman（比克曼）（1974）的一项实验中：实验者甲在街上拦住一个人，指着 50 英尺外的实验者乙，说："你看到几米外的那个家伙了吗？他停车超时，没有零钱，给他一美分吧！"说完，这位实验者就离开了。

当实验者甲身穿制服（比如保安制服）时，多数人都会遵照指示去给实验者乙一点钱；而当他穿普通的休闲服装时，这样做的人却不到一半。

可以看出，服饰对一个人外观的改变作用不言而喻，从心理层面来说，着装不仅是自身个性化的体现，同时也是个人审美，甚至是个人气质和价值观的体现。事实上，不同颜色的衣服表明了一些有关你的不同方面的东西。最有趣的是，有些研究表明，红色具有某些相当独特的效果，它会增加男人对女人的吸引力，对女人而言亦是如此。同时，它也能帮助搭车客们更为顺利地搭到车。

穿得年轻会令你看起来更健康。一位女性的穿衣方式能揭示她的婚姻会持续多久。你喜欢名牌服装是因为它们会令你显得更有档次，并且也会令人们待你更好。

当医生身穿白大褂时，你会更信任他们；当音乐家们按照你心中的形象穿着时，你会更喜欢他们的音乐。同样地，个人的穿着也会影响你自身的行为：当研究人员身穿实验室外套工作时，他们会更专注、更认真。

美国的一位形象设计专家曾对美国财富排行榜前 300 中的 100 人进行过调查。调查的结果是：97% 的人认为，如果一个人具有非常有魅力的外表，那么他在公司里会有很多升迁的机会；92% 的人认为，他们不会挑选不懂得穿着的人做自己的秘书；93% 的人认为，他们会因为求职者在面试时穿着不得体而不予录用。

在日常生活中，良好的形象体现着一个人的素质和修养，甚至代表一个人的社会身份。得体的着装打扮，会给初次见面的人带来良好的印象，会拉近人与人之间的距离。着装打扮代表着一个人对生活的态度。我们每一天都应该首先把自己装扮好，然后再开始一天的工作与学习，这样可以增强个人的自信心，以一种积极阳光的态度面对生活。

那种良好、得体、合乎身份的形象是需要设计的，设计内容包括服饰、发型、面妆以及身份等各个因素。可以说，一个人对自身形象的关注度，代表了一个人的精神面貌、经济实力和素质修养。著名作家莎士比亚说过："即使沉默不语，我们的服饰与体态也会泄露过去的经历。"所以，要想成功和幸福，就要从形象设计开始，而服饰就是最重要的一部分。

3. 人人都穿衣服，未必人人懂穿衣服

爱美的人们总是希望把自己最好的一面展现在他人面前。个人形象对现代人来说，尤其对那些时尚的年轻人来说越来越重要。良好的个人形象对自己的发展前途和社交能力有着不可忽视的作用。

过去讲"为官三代，始知穿衣吃饭"，意思是连续三辈子都做官，才能真正明白什么是吃饭和穿衣，而不是简单地填饱肚子和遮身蔽体。

很多人认为，穿衣吃饭是人的本能，何须三代才能学会？比如，20 世纪 80 年代访美的中国代表团，给人的感觉就十分抢眼：一律是深色西装，如同制服，有人甚至还保留了缝在袖子上的标签，把它作为装饰品；衬衣，采用免烫的的确良料子，且领子偏大。如今，经济起飞，国内很多经济条件好的人们对穿着有了新的讲究，多数都讲究名牌，比如：Armani（阿玛尼）、Burberry（巴宝莉）、Gucci（古驰）、Louis Vuitton（路易·威登）和 Prada（普拉达）等。

人靠衣衫马靠鞍！这话确实有道理，但是也得懂搭配。如果代表团出访，脖子上戴着粗大的金项链，手上戴着足金的翡翠戒指，腕上佩戴全镶钻的 Rolex（劳力士）金表，这只能说明主人经济条件不错，却毫无品位可言。

随着生活品质的逐渐提升，越来越多的人喜欢上了时尚和潮流，穿衣也就成了一种外在的表现，都喜欢用衣装把自己包装得看起来很"精致"。所谓"男生帅掉渣，女生美到瞎"，只要一看，就知道是否有修养。

但是，即使衣服是名牌，如果不会搭配，也无法显示出你的优雅气质，反而会弄巧成拙，成为别人的笑柄。

在实际生活当中，有的人见到自己认为好看的衣服就买，结果买回家却挂着不穿，这叫选择出错。每逢出门的时候，每次都想要打扮得漂漂亮亮出场，可是临行前那一刻，自己却稀里糊涂随便一搭就出去了，结果不伦不类，这叫搭配出错。再就是晚上跟朋友一起去参加酒会，结果却穿了婚纱影楼里面的礼服去了，跟现场根本不搭，这叫场合出错。

也就是说，追求服饰美首先应该解决基础问题，连基础问题都还没有解决的前提下，其他都免谈。

当然，美的含义深远而悠长，不仅包括外在美，还包括内在美。二者相辅相成，互相促进，才能给人以美的感受。而适宜的服饰可以增加人的气质，提高人的内在美。内在美需要时间去雕琢，还需要有与服饰搭配相称的言行举止，也需要有品位。

什么是有品位？搭配时下最火的服饰，留最适合自己的发型，佩戴一款价格不菲的腕表，集齐最时尚大牌的单品等，但这些都只是跟随。要想引领，就要提高自己的段位。

选择衣装、搭配和造型时，会强调人和人之间的差异，高段位的人总能找到适合自己的东西，形成独树一帜的风格。而段位攀升的背后，都有一套自己的方法论或世界观，关键在于深刻的自我认知，要认清自己与他人的差异，知道"什么适合我"。在弄清了这些以后造就的品位高级感，他人是无法模仿的。

那么，如何快速提升自己的品位，成为时尚达人呢？

首先，要想提升穿衣品位，应该了解服饰美学的基础原理，即通过对色彩美学的搭配、服饰材质搭配、服饰环境搭配、服饰肤色搭配、服饰体形搭配、服饰发型搭配、服饰与配饰搭配等基础常识性内容的学习，建立服装搭配美感判断力。

其次，还需要充分了解自己的特点和喜好。大多时候，刻意去进行时尚搭配，并不一定能体现出自己最好的一面。俗话说得好：适合自己的才是最好的。因此，最重要的一点，就是选择自己喜欢又适合自身条件的服饰搭配，这样才能最大化地发挥其搭配价值，充分展现出自信心及魅力。

平时通过行业资讯、潮流杂志、时装发布秀、街拍、明星 SNS 分享平台等了解实时的时尚信息，对提升现代时装审美品位有很大帮助。

生活中，有些人身材好，在别人眼里简直就是个"衣架子"，却缺乏一种气质。所谓气质，其实就是内涵，是一个人由内而外散发出来的直观感受。有内涵的人，一般都爱干净、冷静、沉稳、腰板挺直、精神饱满。一个人如果走路风风火火、极不淡定、爱发脾气、爱抱怨、精神萎靡，即使穿上名牌，气质也无处可寻。因此，只有内外兼修，才能为衣着品位增值。

最后，从网上或者身边多结交穿衣品位不错的人，多请教、多交流，相互接收最新的潮流信息，互相督促进步，一起为追求美好的事物而努力，肯定会越穿越美。

4. 着装是有档次之分的

虽然大家都穿衣服，但是衣服毕竟是有档次之分的。先不说穿衣"小白"和暴发户，仅从正常的穿衣境界来说，穿衣也可以由浅入深分为三层境界：第一层是和谐，第二层是美感，第三层是个性。

第一层境界：穿出和谐。

聪明、理智的人买衣服时，可以根据下面三个标准选择，不符合其中任何一条的都不要掏出钱包：自己喜欢的，自己适合的，自己需要的。

选择衣服的款式时，选适合自己身材的，就是最好的。

不要太注重品牌，光是注重品牌往往会让你忽视内在的东西。

即使衣服不是每天都洗，在条件允许的情况下，也要争取每天更换一下衣服。事实证明，两套衣服轮流穿一周比一套衣服连续穿三天会显得更整洁、有条理。

品质精良的衬衫是衣橱中不能缺少的，因为任何衣饰都没有它善于变化。

每个季节都会有新的流行元素出现，切记不要盲目跟风，如果让自己变成潮流预报员，反而就失去了自己的风格。

关键是要学会购买经典款式的衣饰，耐穿、耐看，同时加入一些潮流元素，不致太显沉闷。

第二层境界：穿出美感。

根据自己的身材选购服装，可以让你展现各种不同的风格。

不用花太多时间和精力在服装的搭配上，只要花费 10% 的时间和精力就好，坚持简洁、优雅、大方的搭配原则就可以。优雅的衣着可以不断提升自己的审美品位。

在外面选择一件精良材质的保暖外套，里面穿上轻薄的毛衣或衬衫，这种国际化着装原则将会越来越流行。

黑色永远都是都市的流行色，但如果脸色不是太好，最好不要穿这种颜色；可以加入灰色，既显得亮丽，又不会太跳。当然，寻找适合自己肤色的色彩时，一定记住：服装是要穿在自己身上的，而不是直接挂在模特衣架上的。

言而总之，衣服的色调要由浅入深、上明下暗、上浅下深。

第三层境界：穿出个性。

经典很重要，时髦也很重要，但切不能忘记的是，一定要有匠心独具的别致。

在这个世界上，没有适合所有人的流行，只有穿出自己的个性，才是真正的流行。

无论在色彩还是在细节上，相近元素的使用虽然安全却不免平淡，适当运用对立元素，巧妙结合，会有事半功倍的美妙效果。

时尚发展到今天，其成熟程度已经转变为完美的搭配，而不是单件的精彩。

年轻人需要重视配饰，衣服仅仅是第一步。在预算中要留出配饰的空间，而那些认为配饰可有可无的人是很难有品位的。

要逐步确立自己的审美方向和色彩体系，不要让衣橱成为色彩王国。要选择白色、黑色、米色等基础色作为日常着装的主色调，饰品则要丰富多彩，建立自己的着装风格，给他人留下明确的印象。而且，色彩上不冲撞，还能提高衣服之间的搭配指数。

穿衣的最终目的，就是要知道什么是适合自己的。衣服和化妆品一样，适合自己的就是最好的。不要在乎摆在那里的款式，要看穿在身上的感觉。

相称得体，是服饰美学的一个重要特征，也是关于形体与服饰适度的问题。

古代"楚王好细腰，宫中多饿死"的典故告诉我们，追求美要有一个度。对于服饰也是一样，适度装饰，摒弃烦琐，但并不是简单、简化。服装华丽刺眼，乍一看会觉得眼花缭乱，仔细看来却没有内涵，缺少人文关怀，穿在身上，就会产生一种束缚感，一旦被烦琐的服饰禁锢，还谈什么美感？

穿衣，归根结底体现的是人和衣服的和谐关系。为此，李渔有个比喻："常有不服水土之患。"衣服与人是否自然和谐，如同人是否服水土一样。服装是一个层积的审美境界，衣服与人的气质，相互磨合，相互适应，需要经历一个过程。

　　结构与人贴合，色彩与人相宜，品质与位相配，和谐自然，其实就是与人相称，与貌相宜。服饰与人看上去相辅相成、不蹩脚，这才是服饰审美的最高境界。

　　我们的理念是，首先是外在的修炼和谐，同时内心要读懂当下角色的和谐，然后再去经营这份和谐。

5. 服饰的真正底蕴是文化

追求美是人的天性。衣冠于人，如金装在佛，其作用不仅在遮身暖体，更具有美化的功能。几乎是从服饰起源的那天起，人们就已将生活习俗、审美情趣、色彩爱好，以及种种文化心态、宗教观念，都沉淀于服饰之中，构筑成了服饰的文化内涵。

中国服饰如同中国文化，是各民族互相渗透、互相影响而生成的。汉唐以来，尤其是近代以后，中国大量吸纳与融合了世界各民族外来文化的优秀结晶，才得以演化成整体的所谓中国以汉族为主体的服饰文化。

唐朝时期是我国政治、经济高速发展，文化艺术极为繁荣昌盛的时期，是封建文化灿烂光辉的时期，这段时期服饰图案的设计趋向于表现自由、丰满、肥壮的艺术风格。其中，以妇女服饰最具代表性。

宋朝历史以平民化为主要趋势，服装也质朴平实，反映出一种时代倾向。在政治上的保守及"程朱理学"的思想影响下，服饰文化不再艳丽奢华，而是简洁质朴。

明代朱元璋统一天下后，从整体上恢复了汉人衣冠对唐制的沿袭，对宋元服饰中的某些样式加以保留，之后发展出了汉人衣冠。其最突出的特点是，用前襟的纽扣代替了几千年来的带结。

清朝是我国服装史上改变最大的时代，是满汉文化交融的时代，是保留原有服装传统最多的非汉族王朝。马褂、旗袍是清代男女的典型服饰，现如今旗袍已经成为中国的传统服装。

现代的服饰，多数都受到了西方的影响，从烦琐变得轻盈。但是，在借鉴西方服饰发展特点的基础上，中国服饰也形成了独有的服饰发展潮流。

中华人民共和国成立后，人们在服装上还保留着民国时期的样式。城市市民一般穿侧面开襟扣的长袍，妇女穿旗袍。农村男子一般穿中式的对襟短衣、长裤，妇女穿左边开襟的短衫、长裤，或者穿长裙。

到了 20 世纪 50~70 年代，中山装逐渐成了男子的主体服装，此外还流行过军便装、人民装；当时女装受苏联影响，连衣裙风靡一时，此外还流行过列宁装等。但在农村，上衣下裤一直是多数农民的传统装束。

1978 年改革开放以后，服装的花色、款式变得更加多样化，面料、质地也发生了很大的变化。

随着时代的不断发展，人们的穿着越来越丰富，色彩也由单一的蓝色、灰色变成五颜六色。

1979 年，法国服装品牌皮尔·卡丹进入中国。

1980 年，当时上映的国产故事片《庐山恋》成为年轻人最喜爱的影片。久违了的爱情故事，加上片中女主角新颖的时装，都令人产生耳目一新的感觉。她在影片中换了多少套衣服，成为当时年轻人讨论的热门话题。这一时期，戴太阳镜，留长头发，穿喇叭裤、蝙蝠衫等成为时尚，很多人看不习惯，年轻人却从中看到了个性和自我。

20 世纪 80 年代以后，女性服饰变得越来越时尚。露脐装、连体裤、哈伦裤、健美裤、蕾丝裙、中性套装……这些都是在 80 年代被明星们穿过的。

1981 年中国大陆第一支时装模特队成立，虽然当时只以"服装广告艺术表演班"的名义招生，前来报名的人数却是预计的四倍。三年后，这支表演队出访欧洲，引起了很大的轰动。

1985 年，彩色故事片《街上流行红裙子》上映，整部影片反映了 20 世纪 80 年代初期女性穿衣观念的变化。

20 世纪 90 年代，人们的思想观念更为开放。人们的服饰在急速变化，穿衣打扮更多的是讲求个性和多变，此时很难用一种款式或色彩来概括时尚潮流，强调个性、不追逐流行本身也成为一种时尚。

其实，服饰的变化是人们生活质量提高的一个表现。同时，衣服又是以文化为底子的，既体现时代的文化特色，又体现出个人的文化内涵。

剖析服饰的文化涵盖，可以将其分为两个层面：浅表性和深层次。其中，款式、颜色色调（含图案）、面料、加工工艺，属于浅层文化结构，也叫显性文化；具有符号性特征，潜藏在形态背后的文化意向、价值观，甚至哲学、社会学、心理学、美学等意蕴，属于深层文化结构，也被称为隐性文化。

服饰美作为一种审美文化，具有以下六个显著特点。

其一，服饰是造型艺术。服饰总表现为一种几何形状，我们今天称之为款式。款式是根据特定的实用审美需要及其尺寸要求，将面料裁剪为点、线、面，根据颜色、色调、花纹、图案的特点，用特定的缝制加工技术或工艺，拼接而成特定的样式。

其二，服饰是重组艺术。服饰作为一种审美客体，并不能成为独立的审美对象，必须与穿着者重新组配，才能显示出美的光彩。这里的重组包括：色彩重组、服饰之间的重组、服饰与环境的重组、服饰与人体的重组。穿上得体的服装，男子会显得阳刚、帅气、倜傥，女士则会尽显曲线、温柔、性感之美。

其三，服饰是综合艺术。服饰的面料及其裁剪艺术、缝制技术、款式、色彩、色调、着装方式，将诗歌、绘画、雕塑、剪纸、书法、音乐等艺术样式融合在一起，凝聚了哲学、社会学、民俗学、美学等诸多信息，体现了一个人的信念、情操和志向，是时代、民族、经济、文化、科技的真实写照。

其四，服饰是再造形动感形象艺术。服饰通过点、线、面的布局，安排色彩，构思整体，实现造型，并随着人体的运动，建立起一种动感的形象，呈现出节奏、韵律、流动的形式之美。

其五，服饰是视觉艺术。服饰在人们心目中的形象，最主要的不是通过韵律、想象或抽象而形成的，而是凭视觉直观产生的。

其六，服饰是典型的个性美。服饰及其审美元素的选择、取舍和组配，完全取决于穿着者的意志，唯有其搭配成功，方能显示其出挑的审美效果。鲜明的个性特征，是服饰的天然要求。消费者本身就是半个设计师。

第二章
从色彩的基础知识说起

　　心理学家曾做过许多实验，他们发现在红色环境中，人的脉搏会加快，血压有所升高，情绪容易兴奋冲动；而处在蓝色环境中，脉搏会减缓，情绪也较沉静。通过研究发现，颜色能影响脑电波。脑电波对红色的反应是警觉，对蓝色的反应是放松，这些实验都明确地肯定了色彩对人心理的影响。

所谓色彩，就是通过眼、脑和生活经验所产生的对光的视觉效应。一旦光线照射到物体上，通过人眼视网膜上细胞，视觉神经就会对其产生反应，物体反射的光就会对眼睛产生作用。

　　不同颜色的光的波长不同，射到视网膜上产生的神经冲动也会不同。一旦神经冲动传输到大脑后被记录下来，就会对形形色色的神经冲动加以分析记忆，在脑海中呈现出五彩的世界。

　　说到底，色彩是人的眼睛对不同光谱的光的一种感知差异。人们通常说的红、橙、黄、绿、青、蓝、紫对应的是不同波长的光谱，而白光是上述不同光谱的一种混合。在自然界中或者通过化学合成产生的某一类结构物质，它对光有特定的吸收或者反射特性。一束白光照射上去，反射到人眼睛中的光由于这个物质存在这类特性只接受了部分光谱，从而形成了一种颜色差异上的感知。当然，人对颜色的感觉不仅仅由光的物理性质所决定，比如人类对颜色的感觉往往还受到周围颜色的影响。

　　在物质生活和精神生活的发展过程中，色彩一直都焕发着神奇的魅力。人们不仅发现、观察、创造、欣赏着丰富多彩的世界，还不断深化着对色彩的认识和运用。人们对色彩的认识、运用过程，就是从感性升华到理性的过程。所谓理性色彩，就是借助人们的判断、推理、演绎等抽象思维能力，将从大自然中感受到的复杂色彩印象进行规律性揭示，形成色彩的理论和法则，并运用到色彩实践中。

1. 色彩的三要素：色相、明度、纯度

　　色彩可用色相（也称色调）、明度（也称亮度）和纯度（也称饱和度）来描述，这就是色彩的三要素。可以说，人眼看到的任一彩色光都是这三要素的综合效果。其中，色相与光波的波长有直接关系，明度和纯度则与光波的幅度有关，如图 1 所示。

色相：指色彩的相貌，是区分色彩的主要依据

纯度：在色环上排列的纯度高的色，叫作纯色

明度：是指色彩的明暗程度，可以简单理解为颜色的亮度

图1　色相、纯度、明度

所谓色相，是指色彩的相貌，是区分色彩的主要依据。色相是色彩的第一要素，色相就是色名，是区分色彩的名称，也是色彩本身最大的特征。

上面说过，颜色的不同是由光的波长所决定的。作为色相，指的是这些不同波长的色的情况。波长最长的是红色，最短的是紫色。在可见光谱上，人的视觉能感受到红、橙、黄、绿、青、蓝、紫七种不同特征的色彩，如图2所示。

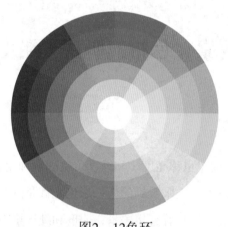

图2　12色环

不同的色相，会发射出不同波长的光波，且各色相之间并没有明显的界限，而红、橙、黄、绿、青、蓝、紫以及处在它们之间的红橙、黄橙、黄绿、蓝绿、蓝紫、红紫等颜色，刚好形成一个无缝的圆环，即色相环（也称12色环）。

在色环上排列的纯度高的色，叫作纯色。在环上的位置，是根据视觉和感觉的相等间隔来进行排列的。使用同样的方法，还可以分出许多细微的颜色。比如，在色相环上与环中心对称、在180°位置的两端的颜色，叫作互补色。

所谓明度，是指色彩的明暗程度，可以简单地理解为颜色的亮度。不同的颜色具有不同的明度，明度高是指色彩比较鲜亮，明度低是指色彩比较昏暗。在色彩对比中，明度差最醒目，明度通常用0~100%的百分比来衡量，0是黑色，100%是白色。在无彩色系中，明度最高的是白色，明度最低的是黑色。在有彩色系中，明度最亮的是黄色，明度最暗的是紫色。明度是色彩的骨骼，也是色彩构成的关键。

明度也可以说成是色彩中黑、白、灰的纯度。在无彩色系中，白色明度最高，黑色明度最低，在黑白之间存在一系列灰色，靠近白的部分称为明灰色，靠近黑的部分称为暗灰色。在有彩色系中，黄色明度最高，紫色明度最低。任何一种彩色，当它掺入白色时，明度提高；当它掺入黑色时，明度降低。

所谓纯度，就是指颜色鲜艳的程度。在所有彩色中，纯度最高的是红色，纯度最低的是青绿色，凡是有纯度的色彩必然有相应色相感。因此，有纯度的色彩就为彩色，没有纯度的色彩就是无彩色，通过纯度可以界定有色彩和无色彩的差别。色彩的纯度变化，可以产生丰富的强弱不同的色相，而且使色彩产生韵味与美感。

也就是说，色彩的纯度越高，色相越明确；反之，色相就越弱。这里，主要取决于颜色波长的单一程度。当混入与自身明度相似的中性灰时，明度不会发生改变，纯度却会降低。这里的纯度也称饱和度，代表了色相中彩色成分所占的比例，用百分比来衡量：0 就是灰色，100% 就是完全饱和。

饱和度体现了色彩的内在性格，颜色纯度越高，混合次数就越多。颜料中的红色是纯度最高的色相，橙、黄、紫等色是纯度较高的色相，蓝、绿色是纯度较低的色相。高纯度的色相，只要加黑或加白，就会降低该色相的纯度，同时也会提高或降低该色相的明度。

值得注意的是，色彩的纯度、明度不能成正比，纯度高不等于明度高。明度的变化和纯度的变化是不一致的，任何一种色彩加入黑、白、灰颜色后，纯度都会降低。

2.色彩冷暖、深浅、艳浊感觉

在人们的感觉上，色彩有冷暖之别。一般来说，色彩接近于火与太阳的颜色，使人联想到温暖，因而产生一种温暖、热烈、光明、突出的感觉，因此叫暖色。而反映冰雪、夜晚的颜色，会使人产生寒冷、凉爽、幽静、阴暗、深远等感觉，因此叫冷色。也就是说，色彩的冷暖感觉是人们在长期生活实践中由于联想形成的。

比如，红、橙、赭、黄等颜色给人热烈、兴奋之感，人们便把这一系列的色彩称为暖色。蓝、绿、青等颜色给人寒冷、沉静之感，人们便把这一系列的色彩称为冷色。紫、黑、灰、白则称为中性色。色彩的冷暖感觉又被称为色性。那些成分复杂的颜色，要根据其具体组成和外观来决定色性。

在色相环上，把红、橙、黄划为暖色，把橙色称为暖极；把绿、青、蓝划为冷色，把天蓝色称为冷极。

色彩的冷暖感觉是相对的，除了红色与蓝色是色彩冷暖的两个极端外，其他色彩的冷暖感觉都是相对存在的，比如：紫色和绿色，紫色中的红紫色显得比较暖，蓝紫色则比较冷；绿色中的草绿色会带有暖意，翠绿色则偏冷一些。在同类色彩中，含暖意成分多的较暖；反之，较冷。冷暖色对比如图3所示。

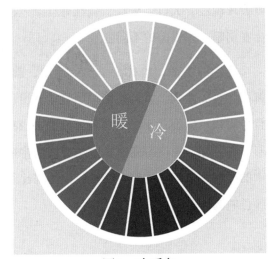

图3　冷暖色

另外，人们对色性的感受也受到光线和邻近颜色的强烈影响。

除了冷暖，颜色还有深浅的感觉。当然，颜色深浅也是相对而言的。深浅是由一个颜色的明度强弱来决定的，而且是相比较而言的，比如，黄色和紫色相比较，黄色浅、紫色深，但如果是深黄色和亮紫色比较，却是亮紫色较浅了。颜色的原色是红、黄、蓝三色，这三色相互调和又变化出几种间色和千万种复色了。就常说的赤、橙、黄、绿、青、蓝、紫七个颜色（而且这七色是指在一个明度的基础上来进行比较）而言，蓝、紫、红颜色相对深一些，其他四个颜色相对算浅色了。

也就是说，深色就是有灰度的颜色，浅色就是发亮一些的颜色。深色暗一些、深沉些，浅色亮一些、跳跃些。浅色如黄、天蓝、草绿等颜色；深色如黑、棕、墨绿、深蓝、深红等颜色。

同样一种颜色因为明度和亮度不同，在明暗、深浅上也会不同。比如，深黄、中黄、淡黄、柠檬黄等黄颜色在明度上就不一样；紫红、深红、玫瑰红、大红、朱红、橘红等红颜色在亮度上也不尽相同，所以会产生在明暗、深浅上的不同变化。

色彩的艳浊，也称为鲜调、浊调，就是指色彩的艳度，指的是色调鲜明与否的差别。鲜调指能很明显地看出色调是冷色调或者是暖色调，并且色彩采用的都是干净的颜色，看上去很亮眼。浊调指的是色调混浊的色彩。在色相、明度不变时，颜色会因为艳度的变化而变化。比如，红色系中的橘红、朱红、桃红、曙红，艳度都比红色低。色彩的艳浊取决于一种颜色的波长单一程度。

3. 不同的颜色代表着不同的寓意

五颜六色构成了丰富多彩的世界，而每种颜色给人的感受又是完全不同的。心理学家认为，人的第一感觉就是视觉，对视觉影响最大的则是色彩。

人的行为之所以会受到色彩的影响，是因为人的行为很容易受情绪的支配。比如，看到与大自然色彩一样的颜色，蓝色的天空、金色的太阳，自然就会联想到与自然实物相关的感觉体验，这就是最原始的影响，如图4所示。

红色通常会给人带来这些感觉：刺激、热情、积极、奔放和力量，还有庄严、肃穆、喜气和幸福等。红色容易鼓舞勇气，同时也很容易使人生气，情绪波动较大，也有警示的意思。

绿色是自然界中草原和森林的颜色，有生命永久、理想、年轻、安全、新鲜、和平之意，给人清凉之感。

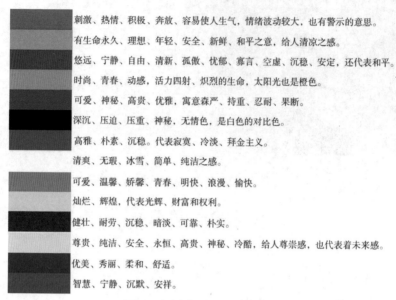

刺激、热情、积极、奔放，容易使人生气，情绪波动较大，也有警示的意思。

有生命永久、理想、年轻、安全、新鲜、和平之意，给人清凉之感。

悠远、宁静、自由、清新、孤傲、忧郁、寡言、空虚、沉稳、安定，还代表和平。

时尚、青春、动感，活力四射、炽烈的生命，太阳光也是橙色。

可爱、神秘、高贵、优雅，寓意森严、持重、忍耐、果断。

深沉、压迫、压重、神秘，无情色，是白色的对比色。

高雅、朴素、沉稳。代表寂寞、冷淡、拜金主义。

清爽、无瑕、冰雪、简单、纯洁之感。

可爱、温馨、娇馨、青春、明快、浪漫、愉快。

灿烂、辉煌，代表光辉、财富和权利。

健壮、耐劳、沉稳、暗淡、可靠、朴实。

尊贵、纯洁、安全、永恒、高贵、神秘、冷酷，给人尊崇感，也代表着未来感。

优美、秀丽、柔和、舒适。

智慧、宁静、沉默、安祥。

图4　各颜色对应的情绪示意

蓝色让人感到悠远、宁静、自由、清新等。在欧洲，蓝色是对国家忠诚的象征，一些医院的护士服就是蓝色的。在中国，海军的服装就是海蓝色的。深蓝代表孤傲、忧郁、寡言、空虚，浅蓝色代表天真、纯洁。同时，蓝色也代表沉稳、安定，还代表和平。

橙色代表时尚、青春、动感，有种让人活力四射的感觉。可以代表炽烈的生命，太阳光也是橙色。

紫色代表着可爱、神秘、高贵、优雅，寓意森严、持重、忍耐、果断，同时也预示着非凡的地位。淡紫色，容易让人们产生愉悦之感，因此一般人都喜欢紫色；而人们似乎不太喜欢青紫色，因为它不易产生美感。紫色代表了高贵和高雅，神秘感十足，是西方帝王的服饰颜色。

黑色寓意深沉、压迫、庄重、神秘，象征着无情色，是白色的对比色。有一种让人感到压抑的感觉，如和其他颜色相配合还有集中和重心感。在西方用于正式场合。

灰色寓意高雅、朴素、沉稳。代表寂寞、冷淡、拜金主义，灰色使人有现实感，也给人稳重安定的感觉。

白色寓意清爽、无瑕、冰雪、简单。无情色，是黑色的对比色。表纯洁之感，浓厚的白色会有壮大的感觉，有种冬天的气息。在东方也象征着死亡与不祥之意。

粉红寓意可爱、温馨、娇嫩、青春、明快、浪漫、愉快。但对于不同的场景，给人感觉也是不同的。例如，有些房间里如果粉红色搭配得好，会让人感到温馨；如果搭配得不好，会让人感到压抑。

黄色寓意灿烂、辉煌，散发着太阳般的光辉，象征着照亮黑暗的智慧之光；有着金色的光芒，象征着财富和权力，是骄傲的色彩。在东方，代表尊贵、优雅，是帝王御用的颜色；此外，还是一种可以让人增强食欲的颜色。

棕色代表健壮，与其他色彩不会发生冲突，有耐劳、沉稳、暗淡等寓意，因为接近于土地颜色，因此给人可靠、朴实的感觉。

银色代表尊贵、纯洁、安全、永恒，可以体现品牌的核心价值。代表尊贵、高贵、神秘、冷酷，给人尊崇感，也代表未来感。

雪青寓意优美、秀丽、柔和、舒适。

葱绿寓意智慧、宁静、沉默、安详。

4. 服装色彩的审美错觉

当两个以上的同形同面积的不同色彩，在相同的背景衬托下，我们会发现它们给人的感觉是不一样的。如在白背景衬托下的红色与蓝色，红色的感觉会比蓝色离我们近，而且比蓝色大；当白色与黑色在灰背景的衬托下，会感觉白色比黑色离我们近，而且比黑色大；当高纯度的红色与低纯度的红色在白背景的衬托下，我们发现高纯度的红色比低纯度红色感觉离我们更近，而且比低纯度的红色大。

在色彩的比较中，比实际距离近的色彩叫前进色，比实际距离远的色彩叫后退色；比实际大的色彩叫膨胀色，比实际小的色彩叫收缩色。

在色相方面，长波的色相——红、橙、黄等颜色，给人前进膨胀的感觉；短波长的色相——蓝、蓝绿、蓝紫等颜色，给人后退收缩的感觉。

在明度方面，明度高而亮的色彩有前进或膨胀的感觉，明度低而黑暗的色彩有后退、收缩的感觉。但背景一旦变化，给人的感觉也会随之发生变化。

在纯度方面，高纯度的鲜艳色彩给人以前进和膨胀的感觉，低纯度的灰浊色彩有后退收缩的感觉，这种感觉也被明度的高低所左右。

同时，色彩还会对人的生理产生直接的影响。心理学家通过许多实验发现，红色环境中，人的脉搏会加快，血压会有所升高，情绪容易兴奋冲动；而人们处在蓝色环境中，脉搏会减缓，情绪也较沉静。研究发现，颜色能影响脑电波：脑电波对红色的反应是警觉，对蓝色的反应是放松。这些经验都明确地肯定了色彩对人心理的影响。

其实，颜色的冷暖也是人的心理错觉。波长长的红色光和橙色光、黄色光，本身就有暖和感，以此光照射到任何色都会有暖和感。相反，波长短的紫色光、蓝色光、绿色光，就有寒冷的感觉。

此外，颜色的冷暖不仅能给我们在温度上带来不同的感觉，还会带来其他感受，例如：重量感、湿度感等。举个例子：暖色偏重，冷色偏轻；暖色有密度强的感觉，冷色有稀薄的感觉；两者相比，冷色的透明感更强，暖色透明感较弱；冷色显得湿润，暖色显得干燥；冷色有退远的感觉，暖色有迫近感。这些感觉都偏向于对物理方面的印象，却不是真实的物理现象，而是在心理作用下产生的一种主观印象，是一种心理错觉。

色彩上的错觉，虽然是一种对客观事物的歪曲，但只要加以科学合理地运用，也能显现出不可小觑的魔力。比如，为服饰加分、用色彩的错觉巧妙地打扮自己、在充满错误的着装中得到肯定。

我们所说的色彩冷暖感觉，不仅表现在固定的色相上，而且在对比中还会显示其相对的倾向性。比如，橙色与紫色并列时，紫色倾向于暖色；而青色与紫色并列时，紫色又倾向于冷色；绿色与紫色在明度高时近于冷色，而黄、绿、紫这三种颜色在明度纯度高时又近于暖色。

在不同环境色彩的影响下，色彩原本的色相会发生视觉偏移，不同的色彩并置会使对方推向自己的补色，因此在服饰的搭配中，要合理运用温度错觉，达到扬其长、避其短的效果。

通常，黄种人的皮肤主要有四类：黄色偏白、黄色偏红、黄色偏绿、黄色偏黑。着装中，黄色偏红肤色的人穿彩度较高的绿色服装，面部会显得更红；肤色带黄绿色的人，不能穿玫瑰红等艳丽颜色的服装；黑色皮肤的人，穿白色服装会显得更加精神；脸色黄且黑的人，穿浅色服装会增加病态感，穿黄色或黑色会显得更加黑黄，穿中性灰色衣服则可以弥补不足。

此外，体形瘦的人为了显得丰满些，可以穿浅色或暖色，但不要使用单色调或冷色调；体形胖的人为了显得苗条，应穿冷色、暗色，不要穿鲜艳色、浅亮色服装；矮小体形者，不宜穿过于深色、冷色调的衣服，否则会显得更矮小，如果上下装选用两种色调，上装色调应该比下装浅亮，可以引导视线上下移动，增高人体；矮胖的人，最好穿深色、沉着、素雅的冷色衣服，来增强视觉上的紧缩感。

色彩面积的比例关系直接影响配色的调和，例如，面积相同的朱红和浅蓝两块面料搭配时，朱红面料会呈现膨胀感，浅蓝色面料则会呈现收缩感，整体上会显得不平衡。我们在设计时就可以进行调整，或在冷色面料上进行分割、添加装饰物，或调整冷暖两块面料的面积，使其呈现平衡状态等。如果体态较肥大，可以大面积选用冷色系列面料，运用色彩的收缩感弥补体形上的缺陷；如果是体态瘦小者，要大面积选用暖色系列面料。

色彩还带有重量错觉。从明度方面来看，明亮的色会让人觉得轻，深暗的色会让人觉得重；纯度高的色让人觉得轻，纯度低的色让人觉得重。色相偏冷的色让人觉得轻，色相偏暖的色让人觉得重。比如：白色有上升的倾向，显得轻；黑色带有下降的倾向，显得重。

在服装搭配中，衣服上部偏淡，下部偏深，显得稳重。因此，臀部较大而胸部不丰满的女性，要尽量选择浅淡色上衣与深暗色下装搭配，缩小胸围和臀围的差异，使身材看上去更匀称。

色彩还有距离错觉。在实际着装中，可以根据不同场合，在空间感上对服饰的色彩进行取舍。暖的色彩看上去似乎是在邀请我们，冷的色彩却使我们望而生畏，远远躲避。比如，在社交场合可以选用红、橙、黄等暖色拉近人与人的距离，同时再利用面积放大的特点产生瞩目的效果。此外，将空间错觉应用于服装上可以增强服装立体感，达到修饰身形的作用。如服装两侧的面料颜色选用冷色、正面选用暖色，不仅使整件衣服给人一种亲近的感觉，而且还有很强的修身效果，利用这个策略还可以有画龙点睛之妙。

5. 色彩具备相当大的感染力

　　色彩的冷暖、深浅、艳浊的不同，产生了色彩的诸多审美错觉，也就使色彩具备了相当大的感染力。在条件反射下，人们看到红橙色光，就会感到热；看到蓝色，就会觉得冷。所以，夏天，只要关掉室内的白炽灯，打开日光灯，就会产生一种凉爽的感觉。在冷食或冷饮的包装上使用冷色，视觉上会引发眼前的食物有种冰凉的感觉。冬天，如果把卧室的窗帘换成暖色，就会增加室内的暖和感。走进卫生间，看到蓝色标志的水龙头，自然就会想到是凉水管；如果是红橙色标志的水龙头，就会想到热水管。

　　在夏天，人们习惯穿白色或浅色的服装，原因之一是白色、浅色反光率高，所以有凉爽感。在冬天，人们习惯穿黑色及深色服装，原因是黑色、深色反光率低，吸光率高，故有暖和的感觉。

　　日本色彩学家大智浩曾举过一个例子：

　　将一个工作场地涂成灰青色，另一个工作场地涂成红橙色。两个工作场地在客观温度相同的条件下，工人的劳动强度也一样，但色彩会影响人们的心理与生理。在灰青色工作场的人，在华氏 59° 时，会感到冷；在红橙色工作场地的人，温度从华氏 59° 降到华氏 52° 时，却感觉不到冷。这就说明，色彩的温度感对人的影响力确实很大。因为，蓝色能降低血压，使血流变缓，就会产生冷的感觉；红橙色会引起血压增高，血液循环加快，就会产生温暖感。

色彩在室内外的设计中也被用在不同的场合。红色多被使用在快餐店内，快速的节奏更适合那里的环境，人们在那里会更加饥饿，在吃过饭后也会更想快速离开。相反的是，咖啡色和更深沉的颜色是西餐厅和酒吧的主色调，这种色调会让人心情放松，人们在色调的影响下明显感到时间过得很慢，不会那么急躁，因此觉得西餐厅是与朋友约会和静下来享受时间的完美选择。

选择衣服色彩的同时，也在间接向外人表达自己的心理活动，暗示自己的个性；不同颜色代表的含义也不同。

红色象征热情、自信、喜庆，选择红色服饰的人，大多会吸引别人的注意力、自信热情，坚强乐观，能起到增强声势的作用。

黄色是一种明度极高的颜色，穿黄色的衣服，会让人产生一种纯粹高洁的心境和智慧。黄色让人联想到秋天、金黄，象征着光明、欢快，还能引人注意。

蓝色代表天空、海洋，让人感到深沉、理智、诚实、可靠和权威。穿着蓝色衣服，会让双方平静下来，不会那么急躁，蓝色是谈判时的最佳选择。

白色代表纯洁、朴素、善良、开放，具有积极作用，穿白色婚纱也因此成为一个传统，代表着婚礼的神圣。

黑色作为低调、高雅、权威、执着的代表色，是白领和绅士的不二选择。黑色体现出权威和专业，同时又不显得张扬、不引人注目、不会轻易表露自己的内心。

毫无疑问，色彩心理学对人们的间接影响是非常明显的，而且也会越来越引起人们的重视，甚至对其研究和利用很可能会成为一个新的潮流。

至于通常的服饰色彩搭配，则可以参考以下方面。

（1）色彩的搭配效果。

上深下浅：端庄、大方、恬静、严肃；

上浅下深：明快、活泼、开朗、自信。

（2）色彩的搭配要点。

突出上衣时：裤装颜色要比上衣稍深；突出裤装时：上衣颜色要比裤装稍深；绿色，可与咖啡色搭配。

上衣有横向花纹时，裤装不能穿竖条纹或格子的。上衣有竖纹花型，裤装应避开横条纹或格子的。

上衣有杂色，下装应穿纯色；裤装是杂色时，上衣应避开杂色；上衣的花型较大或复杂时，应穿纯色下装。

（3）总体搭配原则。

上衣有图案，不要配相同图案的衬衣和领带。

上衣有条纹或花纹，要搭配素色的裤子。

鞋子的颜色，要与衣服的色彩保持协调。

穿着内外两件套时，色彩最好是同色系或反差大的。

第三章
色彩的搭配有学问

　　有时并不是你穿的衣服贵、色彩艳丽就会美不胜收。衣服美不美丽，很大程度上取决于你对色彩的总体把握度。你的年龄、身高、胖瘦、社会阅历、现实的气候等都多多少少会影响你的和谐美，而以上这些元素除了色彩可以调配之外，其他都无法改变。

色彩搭配看似简单，其实有很深奥的学问。学过设计的都知道，有一门入门必修的课程叫配色基础学。要设计一个物件，必然会涉及配色的问题，即使是单色，也需要选最合适的颜色。而多种颜色之间的互补、撞色，这其中学问就复杂了。穿衣搭配亦如设计，衣服是展示人物个性的表现物，别人对你服装的第一印象，无疑就是颜色。所以颜色搭配不当，会让人看起来不伦不类。

在穿衣搭配上，不仅要注意服饰之间的颜色配搭，还要讲究肤色与服饰颜色之间的相得益彰，这样才能扬长避短，更好地展现个人魅力。

所以，哪些色彩配搭在一起很美，并不是一件偶然的事情。不同的颜色组合适合不同的风格特点，而且这种类似固定搭配的组合规则并不能轻易被打破。

生活中，很多女士喜欢彩色服饰却不知道怎么驾驭，生怕把自己穿成了"调色盘"。其实面对色彩的搭配，虽然不用过于恪守某些"科学道理"，但也要掌握一些基本的搭配法则。

"既要马儿跑，又要马儿不吃草"；既希望自己穿得好，又不想下功夫学习，显然不切实际！

1. 色彩搭配的基本原理

红、黄、蓝这三种颜色被称为三原色，是所有颜色的源头。如果我们谈论的是屏幕的显示颜色，比如，显示器，三原色分别是红色、绿色和蓝色，也就是我们熟悉的 RGB。三原色和组合色示意，如图 5 所示。

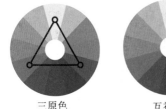
三原色

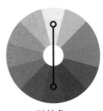
互补色

临近色

三角色

图5 三原色和组合色示意

基于三原色和图 5 中的色轮，我们可以得到多种组合色：互补色、相似色、三角色等。按照色温，还可以分为冷色调、暖色调和中性色调。暖色系会让人产生热情、明亮、活泼、温暖等感觉。冷色系会令人产生一种沉稳、稳重、消极等感觉。暖色有靠前、膨胀的感觉；冷色有靠后、收缩的感觉。

（1）原色：色盘上延伸最长的几段表示三种原色——红、黄、蓝。之所以称为原色，是因为其他颜色都可以通过这三种颜色组合而成。

（2）间色（也称二次色）：如果将红色和黄色、黄色和蓝色、蓝色和红色均匀混合，就会创建出三种间色：绿色、橙色和紫色。

（3）混合色（也称三次色）三级颜色：三次色来源于间色与原色的混合，主要有：红紫色、蓝紫色、蓝绿色、黄绿色、橙红色和橙黄色。

随着科技的发展和人们生活的日益丰富多彩，色彩不再仅仅局限在绘画上，在其他方面也有广泛应用。以光的三原色为基础制作色相环，我们可以在此基础上了解色彩搭配的相关知识。

根据色彩环上相邻位置的不同，色彩一般分为五种：邻近色、类似色、中差色、对比色、互补色。在实际运用中，一般把它分成两大类：类似色和对比色。其中，色环中排列在60°以内的色彩统称为类似色，110°~180°的色彩统称为对比色。

类似色相的配色，能表现出共同的配色印象。这种配色在色相上既有共性又有变化，是一种很容易取得配色平衡的手法。例如，黄色、橙黄色、橙色的组合，群青色、青紫色、紫罗兰色的组合都是类似色相配色。

中差色的配色：在24色相环上两色间相差4~7个色，称为基色的中差色。在色相环上有90°左右的角度差的配色就是中差配色。它的色彩的对比效果比较明快，是深受人们喜爱的配色。

对比色相配色是指，在色相环中位于色相环圆心直径两端的色彩或较远位置的色彩组合，主要包括：中差色相配色、对照色相配色、补色色相配色。对比色相的色彩性质比较青，经常被用在色调或面积上，用来实现色彩的平衡。

如今，"色彩搭配"咨询在世界一些发达国家已相当成熟。其实早在30多年前就已经有了一套科学配色的方法，指导颜色该怎样选择和搭配了。

1974年美国的卡洛尔·杰克逊女士发表色彩四季理论，1983年英国玛丽·斯毕兰女士在四季理论的基础上，根据色彩冷暖、明度、纯度三大属性的相互关系，把四季扩展为12季，彻底解决了色彩季型的划分问题，使人们对色彩的运用更方便、更简捷，范围更宽泛。

现在，日本全国约有40万名"色彩搭配"设计师；在英国、美国等国的色彩设计公司都拥有一批专门的色彩设计人员，活跃在流通、建筑及环境企划、室内设计、广告和服装设计等各行业。作为人口大国，更需要与之相当的专业人员，来提高色彩搭配的效果。

2. 柔和淡雅的同类色搭配

所谓同类色搭配，就是由同一种色调变化出来的，如墨绿与浅绿、深红与浅红、咖啡与米色等。同类色搭配在服装上运用较为广泛，如图6所示。

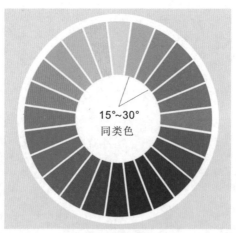

图6　同类色示意

在 24 色相环中，相距 15°~30°的色，称为同类色。同类色的搭配，一般是在同一色相里，用不同明度的颜色，即深浅不同的颜色进行搭配；或在同一色相中，用不同纯度的颜色进行搭配，如用同一色相的不同面料具有的不同纯度进行搭配，从而呈现层次分明、和谐柔美的效果。这样的同类色的服装颜色搭配，会感觉单纯、柔和、协调，给人温和淡雅的感觉。

例如，下面几种永不过时的气质穿搭法，既可以玩转温柔格调，又穿出仙女气质。尤其适合风格温柔甜美的女生，可以让她们不用花太多心思也能在人群中脱颖而出。

（1）甜美淡粉色系

粉橘色，在甜美中带着几分俏皮，宫廷风的雪纺上衣与高跟鞋能够增加几分优雅大气；单穿浅粉色衬衫，会显得休闲随意；搭配白色直筒休闲裤与运动鞋，则会显得清爽减龄。

同样是粉橘色，用在落肩针织衫上，搭配白色半领内搭与米色休闲裤、帆布鞋，就会凸显出学院风来。用宽松上衣搭配米色长裙，会显现极简冷淡风，气质绝佳。

浅粉色的雪纺上衣加上蝴蝶结飘带，会增加甜美感。白色西装裤与同色小方包搭配，更会显得端庄大气。当然，直接穿小香风套装也是不错的选择。

藏粉色也是最近十分流行的少女心色。白色的纱裙优雅中带着小性感，搭配藏粉色薄款风衣非常显高。Oversize（特大）款藏粉色T恤俏皮休闲，与浅蓝色牛仔裤、白色运动鞋十分相搭。

粉色与橄榄风的碰撞更加精彩。层叠感半身长裙充满设计感，搭配纯色雪纺上衣也不会显得花哨。浅粉色西装外套端庄中带着几分可爱，浅蓝色衬衫作为内搭显得清新又自然。

（2）娴静蓝色系

修身款浅蓝针织长裙，在温柔中带有几分妩媚，尤其是腰部及下摆的镂空设计，更能增加女人味。吊带裙搭配白色纱质上衣，充满了清新田园风，更能让人眼前一亮。

宽松海马毛上衣慵懒又休闲，浅灰色纱裙在颜色上过渡自然，增添了几分少女感。西装套装干净利落，与白色衬衫、同色高跟鞋是绝配，比较适合职场女性。

毛边短款牛仔外套有几分休闲与酷炫，浅蓝色的纱质长裙则减少了这种感觉，会更偏向于清新的少女风。海蓝色的褶皱吊带上衣搭配纱质透明感上衣既时尚又减龄，可以与不规则毛边牛仔裤风格相搭。

（3）女神白色系

白色抽绳棉质上衣简约百搭，短款上衣搭配高腰花苞裙，会显得又高又瘦，再穿上平底鞋，更显得休闲舒适。白色吊带裙加上轻纱短款外套，既显得青春，又能凸显女神范儿，适合在校学生。

百搭的纯白圆领T恤加上米色长款外套，走的就是一个欧美风。碎花裙清新甜美，三角杯式的吊带蕾丝上衣又增添了几分性感。

（4）温柔棕色系

长裙搭配米色单鞋，会让穿衣者显得很高。格纹半身裙搭配纯色上衣，能够减少花哨感；排扣连衣裙，既简约又大气；雪纺碎花裙加上藤编手提包，更显得自然别致。

白色衬衫裙套咖啡色毛线背心学院感十足，温柔又有气质。

宽松浅色T恤、白色直筒休闲裤、运动鞋加上咖啡色薄款大衣，适合文艺的日系青年。黑白波点复古甜美，搭配开衩裤装、米色单鞋，更能提升个人气质。

棕黄色碎花雪纺上衣优雅甜美又不显老气，与浅卡其色大衣颜色过渡自然。

这样的穿搭，即使不特意去追流行色、流行款式，也可以成为搭配女王。

3. 温和有变的类比色搭配

所谓类比色搭配，就是指色环上比较相近的颜色相配，一般范围在90°以内，例如，红色与橙色、蓝色与紫色，给人的感觉就比较温和、统一。这种颜色搭配产生了一种令人悦目、低对比度的和谐美感。但它和同类色相比，又更加富于变化。类比色非常丰富，在设计时应用这种搭配会让你轻易就能产生不错的视觉效果。如图7所示，是类比色的配色。

图7　类比色

其实，自然界里面的色彩，即使是同一种颜色，也有深有浅、有明有暗、有浑浊有清澈之分。所以，在颜色搭配上，仅简单地说"什么颜色配什么颜色"，是比较笼统肤浅的。因为同一种绿色，可以搭配无数种明暗不同的蓝色，在服装色彩的搭配上，要放开眼界，主动观察一些品牌画报、街拍中同样配色、不同色调搭配营造的不同效果。

我们说的是服装的色彩搭配。同样，服装的面料也是多种多样的，不同面料的质感效果也不一样。例如，同样是红色，针织、雪纺、皮料这三种面料所带给人的视觉感受是极为不同的。

选择相近的邻色作为服饰的搭配是一种技巧。一方面两种颜色在纯度和明度上要有区别；另一方面又要把握好两种色彩之间的和谐，使之互相融合，取得相得益彰的效果。

服装的色彩，可以根据配色的规律来搭配，以达到整体色彩的和谐美。

第一，全身色彩要有明确的基调。主要色彩应占较大的面积，相同的色彩可在不同部位出现。

第二，全身服装色彩要深浅搭配，要有介于两者之间的中间色。

第三，全身大面积的色彩不能超过两种。比如，穿花连衣裙或花裙子时，背包与鞋的色彩最好在裙子的颜色中选择，若增加异色，会显得凌乱。

第四，服装上的点缀色应当鲜明、醒目，少而精，起到画龙点睛的作用，一般用于各种胸花、发夹、纱巾、徽章及附件上。

第五，上衣和裙、裤的配色示例：淡琥珀—暗紫，淡红—浅紫，暗橙—靛青，灰黄—淡灰青，淡红—深青，暗绿—棕，中灰—润红，橄榄绿—褐，黄绿—润红，琥珀黄—紫，暗黄绿—绀青，灰黄—暗绿，浅灰—

暗红，咖啡—绿，灰黄绿—黛赭。

第六，万能搭配色：黑、白、金、银，这四种颜色可以与任何色彩搭配。配白色，可以增加明快感；配黑色，可以增添稳重感；配金色，具有华丽感；配银色，则会产生和谐感。

当然，不是每个人穿绿色效果都好。绿色和嫩黄的搭配，可以给人一种很春天的感觉，显得素雅、静止、淑女味十足。

职业女装活动的场所是办公室，低彩度可以使人工作起来更加专心致志，平心静气地处理各种问题，营造沉静的气氛。

职业女装穿着的环境多在室内等有限的空间里，穿着低纯度的色彩会增加人与人之间的距离，减少拥挤感。

纯度低的颜色更容易与其他颜色相互协调，使人与人之间增加和谐亲切之感，有助于形成协同合作的格局。

另外，可以利用低纯度色彩易于搭配的特点，将有限的衣物搭配出丰富的组合。同时，低纯度给人以谦逊、宽容、成熟的感觉，借用这种色彩语言，职业女性更容易受到他人的重视和为他人所信赖。

4. 鲜丽明快的对比色和互补色搭配

所谓对比色，是指在 24 色色相环中，120° 范围以内的色彩。

所谓互补色，是指 180° 相对应的色彩。

对比色的色彩搭配，是指将色环上划分 120° 范围，找出两边相对应的一组色彩进行搭配。

互补色的色彩搭配，是指在色环上成 180° 相对应的一对色彩进行搭配，如图 8 所示。

对比色和互补色的搭配，如黄色与紫色、红色与青绿色，这种色彩对比强烈，视觉冲击力强，突出，醒目，色彩感觉有力，更能振奋人心。

图8　互补色搭配示意

　　对比色和互补色搭配时，应注意适当运用无彩色（黑、白、灰）或主色的同类色来进行调和搭配。在日常生活中，我们常看到的是黑、白、灰与其他颜色的搭配。因为黑、白、灰为无色系，所以，无论它们与哪种颜色搭配，都不会出现太大的问题。一般来说，如果同一个色与白色搭配时，会显得明亮；与黑色搭配时就显得昏暗。因此，在进行服饰色彩搭配时应先衡量一下，你是为了突出哪个部分的衣饰。不要把沉着色彩，例如，深褐色、深紫色与黑色搭配，这样会和黑色呈现"抢色"的后果，令整套服装没有重点，而且服装的整体表现上也会显得很沉重、昏暗无色。黑色与黄色是最亮眼的搭配，红色和黑色的搭配是非常隆重的，却又不失韵味。

　　补色相配能形成鲜明的对比，有时还能收到较好的效果。黑白搭配是永远的经典。

　　我们也可以这样定义对比色：两种可以明显区分的色彩，叫对比色，包括色相对比、明度对比、饱和度对比、冷暖对比、补色对比、色彩和消色的对比等。对比色是构成明显色彩效果的重要手段，也是赋予色彩以表现力的重要方法。其表现形式又同时有对比和相继对比之分。比如，黄和蓝、紫和绿、红和青，任何色彩和黑、白、灰，深色和浅色，冷色和暖色，亮色和暗色都是对比色关系。而补色是指在色谱中一原色和与其相对应的间色间所形成的互为补色关系。也有人笼统地把补色称为对比色。

　　一般说来，对比色组合活泼而富有动感，极容易穿出青春时尚的感觉。

　　例如，酒红色的呢帽与酒红色的打底裤首尾呼应，能够提升多色组合的统一与和谐；与套头针织衫、百褶短裙的蓝色，还能形成一组对比色，碰撞出醒目吸睛、个性张扬的青春气息。

　　春节期间，人们都会不自觉地穿得红火热烈一点，从亲和力满满的橘红色到散发自信魅力的大红色都是不错的选择。与蓝色牛仔裤搭配，利用对比色的动感与活力能让喜庆主题更鲜明。

红绿对比色组，在民族风服饰中运用广泛，随着民族风与都市风的结合，在时尚街拍中也出现了红绿配色的身影。

红蓝、红绿两组对比色在圆领毛衣中同时体现，有面积的调和，层次丰富、对比鲜明又不会杂乱无序。下半身搭配相对偏深沉稳重的色彩，就能避免戏剧感，而且更加实用。

活力卫衣款型与红蓝对比色的绝妙搭配，能让穿衣者有充沛精力与无限活力。与牛仔裤、高帮板鞋搭配，随性率真，充满了时尚气息。秋冬季节，只要外搭一件亮色短款羽绒服，便能时髦过冬。

5.黑、白、灰等颜色的调节搭配

在服饰设计和选择中，黑、白、灰永远都是不会过时的经典配色，如图9所示。下面的内容不仅谈到黑、白、灰三色的搭配法则，也提到了蓝、褐、米三色的搭配法则。

图9　黑白灰色

（1）黑色搭配法则

黑色是个百搭百配的色彩，无论与何种色彩放在一起，都别有一番风情。除了新娘子忌用黑色外，其他时候，黑色都可以单独或与其他颜色配合使用。

黑色服装在设计上，线条以简明为主，剪裁复杂，也不容易辨认出来，等于是一种浪费。穿黑色服装，它的轮廓形状必须非常明显，才能突出造型，显得异常出色。

如果用黑色的蕾丝纱做成罩衫，在夜幕低垂时穿着，会闪烁着一股神秘的气质。对于中年女性来说，穿着黑纱应该是比白纱更符合成熟美的要求。喜欢穿旗袍的女性，如果外头搭配一件黑丝绒外套，立刻就让人有一种端庄与隆重之感。穿黑色服装时，为了避免全身黑色的效果，应以别种颜色的配件来缓和这种单调感。例如，可以搭配金黄的围巾或红色的手镯，皮鞋还可以黑色或深咖啡色来调和。

黑色配白色，就是天与地，是一种绝妙的搭配。实际上，学生或工作人员，穿黑白搭配的衣服，会显得特别精神。

黑色的端庄与酒红色的高贵，两者放在一起，会显得大方、有气质，是扮女神必备的两色。

如果想让自己的个性不那么跳脱，那么黑色可能会太严肃，所以配点儿米色，会让你的性格顿时变内敛。

黑色与大红的搭配，你会被那一抹红所吸引，而且在奢侈的生活中，会感觉到两者是如此引人注目，令人无法移开目光。

要想成为人群里最亮眼的那个人，那么就穿黑色与橘色的搭配，这么搭配的话，你绝对会成为最出挑的那一个，一眼就能在人群中被人认

出来。

要想表现个性活泼、可爱的一面，那么，就穿浅一点的紫色，然后配上黑色，公主形象立即出现。

如果想让自己的生活变得有活力、精神十足的话，不妨在黑色里配点儿嫩绿色，那种淡雅的感觉就出来了。

有一点要注意：黑色与中间色的搭配不容易讨好，比如，与粉红、灰色、淡蓝、淡草绿等柔和色调放在一起时，黑色会失去强烈的收缩效果，容易缺乏个性。

脸色苍白者穿黑色服装时，会显得特别憔悴，因此，不化妆就穿黑色衣服，很可能产生一种病态。穿黑色服装最需要强调的是化妆，因为黑色能把所有的光彩都吸收掉，如果妆太淡，就会给人一种沉闷的感觉。在使用化妆品时，粉底宜用较深的红色，胭脂用暗红色，眼影可以选用任何颜色，如蓝、绿、咖啡、银色等；眼睛要有充分的立体明亮感，口红使用枣红色或豆沙红，指甲油则用大红色。粉红色的口红与黑色衣服会发生冲突，看起来不谐调，应该尽量避免。

（2）白色的搭配法则

白色可以与任何颜色搭配，但要想搭配得巧妙，也需要动动脑筋。

白色下装配带条纹的淡黄色上衣，是柔和色的最佳组合；

下身穿象牙白长裤，上身穿淡紫色西装，配以纯白色衬衣，可以充分显示自我个性；

象牙白长裤与淡色休闲衫搭配，也是一种成功的组合；

白色百褶裙配淡粉色毛衣，更显得温柔飘逸；

上身着白色休闲衫，下身穿红色窄裙，显得热情潇洒。

在强烈对比下，白色的分量越重，看起来越柔和。

（3）灰色搭配法则

灰色几乎是百搭的色系，黑、白、灰是最好看的搭配。灰色是白色与黑色的中间色，所以搭配白色、黑色都是经典的组合。

暖色系的红色可以与灰色搭配，粉橙色系搭配灰色则会显得更柔和。比如：粉色、绿色、红色和浅蓝色都是灰色比较经典的搭配。

灰色比较暗，搭配宝蓝色和艳一点的红色会有不错的效果，如果是内搭，效果也不错。

裤子或裙子可以穿灰黑或土黄色，不过要注意颜色和样式，不能两个设计都复杂，厚度也不能都一样；整体效果要和谐，颜色要适度，元素太多，会显得冗赘。

在着灰色的衣服时，不太适宜搭配闪亮的颜色，那样就会显得不太和谐。本来闪亮的颜色就是需要显眼，如果搭配了灰色就会阻碍这种亮色的发挥，达不到理想的效果。如果搭配不当，就会显得整体没有精神。

（4）蓝色的搭配法则

在所有的颜色中，蓝色的服装最容易与其他颜色搭配。不管是蓝色，还是深蓝色，都是如此。而且，蓝色还能产生紧缩身材的效果，让个人看起来更苗条。

生动的蓝色搭配红色，会使人显得妩媚、俏丽，但应注意蓝红比例适当。近似黑色的蓝色合体外套，配上白衬衣，再系上领结，出席一些正式场合，会使人显得神秘且不失浪漫。曲线鲜明的蓝色外套和及膝的蓝色裙子搭配，再以白衬衣、白袜子、白鞋点缀，会透出一种轻盈的妩媚气息。

上身穿蓝色外套和蓝色背心，下身配细条纹灰色长裤，会呈现出一派素雅的风格。因为，流行的细条纹可糅合蓝灰之间的强烈对比，增添优雅的气质。

蓝色外套配灰色褶裙，是一种略带保守的组合，但配以葡萄酒色衬衫和花格袜，就会显露出自我个性，使整个人变得明快起来。

蓝色与淡紫色搭配，会给人一种微妙的感觉。蓝色长裙配白衬衫，是一种非常普通的打扮。穿上一件高雅的淡紫色的小外套，便会平添几分成熟的都市味儿。上身穿淡紫色毛衣，下身配深蓝色窄裙，即使没有花哨的图案，也能够在自然之中流露出成熟的韵味。

（5）褐色搭配法则

褐色与白色搭配，给人一种清纯的感觉。金褐色及膝圆裙与大领衬衫搭配，可以增加短裙的魅力，增添优雅气息。选用保守素雅的栗子色面料做外套，里面配以红色毛衣、红色围巾，会显得更鲜明生动、俏丽无比。

褐色毛衣配褐色格子长裤，个人会显得雅致和成熟。褐色厚毛衣配褐色棉布裙，通过二者的质感差异，可以表现出穿着者的特有个性。

（6）米色搭配法则

一件浅米色的高领短袖毛衫，配上一条黑色的精致西裤，再穿上一双闪着光泽的黑色的尖头中跟鞋子，会将职业女性的专业感烘托得恰到好处。如果想给人以干练、强势的感觉，就要选择一套黑色条纹的精致西装套裙，配上一款米色的高档手袋，既有管理者风范，又不失女性优雅。

第四章
服装色彩与人的匹配

　　我们的皮肤与生俱来就是一块色，而不是一块白布。皮肤、眼珠、眉毛、头发，这些都是人体的自带色，不管你想要不想要，它都在那里。所以，你今天穿的衣服的颜色一定要与自己自带的颜色系统相吻合，只有这样才能构造出和谐的视觉，才会看起来显得高雅、舒适。如果达不到这样的效果，就可能显得老气、土气，不好看等。

人们对一个人的认识首先是从其外在形象开始的，而人外在形象的组成部分中，服装又是极其重要的一环，服装色彩也是最先呈现在人们眼前的一个影响因素。

服装色彩作为人物形象中最醒目的特点，应对其进行合理的搭配，不同的色彩匹配不同的场合。人的性格各有不同，服装色彩的表达重点也不能一概而论，或端庄稳重，或优雅大方，或活泼自然，或俏丽生动，以上种种特质都能够通过服装色彩的巧妙搭配得到进一步提升。

此外，我们的皮肤与生俱来就是一块色，而不是一块白布。皮肤、眼珠、眉毛、头发，这些都是人体的自带色，不管你想要不想要，它都在那里。所以，你今天穿的衣服的颜色一定要与自己自带的颜色系统相吻合，才能构造出和谐的视觉，才会看起来显得高雅、舒适。如果达不到这样的效果，可能就显得老气、土气，不好看等。

把颜色映射到你的衣服上，就像一门艺术。你可以拥有这个世界上所有的钱，并且可以夸耀自己拥有最昂贵的衣柜，但是如果你不能很好地与你的衣服匹配，这就是一个失败的结果。你要么需要关注细节，要么需要了解颜色如何搭配的敏感性。即使你只是从个人方面做业余的服装色彩搭配，或者完全是为了你自己穿着方便，也需要了解服装色彩与人匹配的相关知识。

1. 色彩体现服饰的灵魂与生命力

服装的美同时也表现人类生活的一种状态美。在形成服装美的过程中，最能够创造艺术氛围、感受人们心灵的因素，就是服装的色彩。可以说，色彩是构成服装美的重要因素之一。

色彩是靠视觉传递信息的。这一色彩信息已广泛地深入到我们生活的各个领域。尤其在服饰中，它们给人的第一感觉首先是色彩，而不是服装。色彩在服装中是最响亮的视觉语言，且常常以不同形式的组合配置，影响着人们的情感。

如果你嫌自己长得不够好看、穿着不够时尚，那么首先就要看看是不是颜色没选对。自己喜欢的颜色不一定就适合你，要知道什么颜色能让自己好看，找到自己的肤色 DNA，才能掌握穿衣窍门。

国外实验机构做过这样一个有意思的实验：

参加实验的人员被分为两组，A组的人全部蒙上眼睛，B组的人不蒙眼睛，他们吃同样的美味食品，但食品被染上了和原来不同的颜色。红色的果子酱被染成了黑色，白色的牛奶被染成了红色，面包被染成了蓝色。结果，未蒙眼睛的B组实验人员，一口牛奶还没吞下就全部吐了出来，果子酱和牛奶更是难以下咽。而蒙着眼睛的A组很快就把东西吃完了，并没觉得有什么异样。

这个实验说明，色彩对人们的感觉影响极大。也就是说，色彩虽然依附于日常生活中，生活可以具有感觉，但色彩可以让感觉更加强烈。

可以说，色彩是服饰的灵魂和生命力。凡是能够给我们留下深刻印象的穿衣高手，不论是设计师还是名人，其原因只有一个——他们拥有了适合自己的色彩和风格。穿衣服的最高境界就是"衣人合一"，融合了个人的气质、涵养、风格的穿着才会体现出个人个性。只要选对色彩，穿对风格，你也可以成为搭配高手。

色彩就是生命，一个没有色彩的世界，如同死寂一般。有生命的，才会有感情。色彩的情感性在服装中的表现力，可以从三个维度去理解。

一是色彩的固有表情，即色彩的自然化。

每种色彩都有客观的物理性质，人们可以从中体验到某种视觉感或触觉感，包括色彩的冷与暖、色彩的远与近、色彩的轻与重、色彩的强与弱、色彩的明与暗。例如，鹅黄色给人以温暖明亮的感觉，会将正常肤色人的皮肤衬托得更加白皙。颜色越深，给人的感觉越近。暖色能给人以向前方突出的感觉，被称为进色；冷色给人以向后方退入的感觉，被称为退色。

颜色的深浅还能给人以轻重的感觉：浅色让人感到轻，因为颜色对神经的刺激度不同，对精神的压迫感也不同。所以，选择服装要着重考虑不同的身材和肤色特点，利用色彩的固有表情，达到扬长避短的目的。

二是色彩的联想，即色彩的人性化。

色彩的冷暖感：红、橙、黄代表太阳、火焰；蓝、青、紫代表大海、晴空；绿、紫代表不冷不暖的中性色；无色系中的黑代表冷，白代表暖。

色彩的软硬感：高明度、高纯度的色彩给人以软的感觉；反之，则感觉硬。

色彩的强弱感：知觉度高的明亮鲜艳的色彩感觉强；反之，则感觉弱。

色彩的明快与忧郁：高明度、鲜艳、对比强的色彩给人以明快感；反之则相反。

色彩的兴奋与沉静：红、橙、黄，偏暖色系，高明度，高纯度，对比强的色彩感觉兴奋；青、蓝、紫，偏冷色系，低明度，低纯度，对比弱的色彩感觉沉静。

色彩的华丽与朴素：红、黄等暖色和鲜艳而明亮的色彩给人以华丽感，青、蓝等冷色和浑浊而灰暗的色彩给人以朴素感。

色彩的积极与消极：黄、橙、红象征着生命力和积极进取，青、蓝、紫象征着平安、温柔、向往。

色彩的进退感：对比强、暖色、明快、高纯度的色彩代表前进；反之，则代表后退。

例如，绿色是自然的颜色，是生命、成长、希望的颜色，饱含青春的气息。绿色是蓝与黄的中间色，它中和了蓝的冷静、退缩与黄的活跃、进取，形成了中庸的意象。

三是色彩的象征，即色彩的社会化。

为了满足传统习惯、风俗和国家、宗教、团体等特定需要，可以赋予服装色彩特定的意义。例如，在某些民族的历史中，有些习惯将色彩仅用于象征意义，不是用来表明社会阶层或社会身份，就是用作神话或宗教思想的象征性语言。

灰色在中国人的服饰中之所以经久不衰与中华民族的社会文化因素大有关系，例如：长辈为了保持成熟、持重的形象，都会穿各种灰色的服饰。当然，灰色也有流行上的变化，随着时间的推移，不同明度、不同色味的灰色不断更替着在市场上的地位。

灰色，时尚中不乏个性，沉着中充满魅力，一直都被都市女性所钟爱。在无彩色系列里，更是前卫的象征，比如：含灰的米色被时尚设计称为"新季的灰色"；而肉色、沙土色、玫瑰木色等色彩，还被运用到时下流行的高档服装设计中。

可以说，服装中的色彩有着迷人而丰富的情感内涵，像一位梦中的女性，也像一种无须翻译的人类语言，将幻想与现实、前卫与传统、情感与美感塑成一体。科技的进步、经济的繁荣不断地推进人类文明的进程，随之而来的是生活的丰富多彩、眼界的开阔、文化素质的提高，人们对服装中色彩的情感性的理解与表现也在不断地发展变化。理解色彩的感觉以及它的情感效应，并真正学会去运用它，才能在服装选择与搭配中给生活带来更多的美。

2. 四季人体色与服装色彩的搭配原则

可以说，真正的时装达人未必个个都有绝好的身材，他们只是练就了一身扬长避短的穿衣本领罢了。在服装搭配的过程中，个人的肤色成了整体造型中的一个重要色彩，所以肤色和服装颜色之间的搭配协调就显得尤为重要。

四季色彩理论由美国色彩大师卡洛尔·杰克逊女士发明，她用了近 10 年的时间，进行了 4 万多次的色彩测试与色彩排序。该理论诞生后迅速风靡欧美，后被引入日本，并研制出了适合亚洲人的颜色体系。1998 年，该体系由色彩顾问于西蔓女士引入中国，并针对中国人的肤色特征进行了相应的改造。该理论给世界各国人的着装生活带来了巨大的影响，并推动了各行各业在色彩应用技术方面的巨大进步。

在四季色彩理论中，最重要的内容就是把生活中的常用色，按基调的不同，进行冷暖割分和明度、纯度割分，形成与一年四季相对应的春、夏、秋、冬四大色彩群。只要掌握最合适自己的色彩群与之相互间的搭配关系，就可以完成服饰、化妆与自身自然条件的和谐统一，最大化发挥自己的潜质与美丽元素。

四季色彩理论的最大成功之处在于，解决了人们在装扮用色方面的一大难题。只要知道并学会运用最适合的色彩群，不仅能把自己独有的品位和魅力以最完美、最自然的形式展现出来，还能节省装扮时间，减少浪费。更重要的是，知道了什么颜色最能提升自己的美，什么颜色是你的排斥色，你就能轻松驾驭色彩，科学而自信地将自己装扮得最漂亮。

当然，四季色彩理论的最终目的并不是把个人框定在固定的色彩范围里，其真正意义在于，为我们指明自身的用色规律，提升驾驭色彩的能力，清晰地知道哪些颜色是你的最佳颜色、哪些颜色是你的次佳颜色、哪些颜色并不适合你。如此，就能在人生中巧妙地运用色彩特技，彰显自己。

另外，零售行业的一个重要卖点就是引导时尚和流行，因此四季色彩理论对零售企业的指导意义也非常重大，零售企业可以根据四季色彩理论的指导来合理地安排商品的陈列和商场布置，以适应消费者的需求。

四季色彩理论自问世以来，因其科学性、严谨性和实用性而具有强大的生命力。该理论用最佳色彩来显示人与自然的和谐之美，可以应用到服饰用色、化妆用色、饰物搭配、居家色彩、商业色彩、城市色彩等与色彩相关的一切领域。

科学研究表明，就像自然界的一切生物都有自己的颜色一样，我们的身体也是有颜色的，我们体内与生俱来具有决定性作用的是核黄素——呈现黄色、血色素——呈现红色、黑色素——呈现茶色。核黄素和血色素决定了一个人肤色的冷暖，肤色的深浅、明暗则是黑色素在发生作用。我们的眼珠颜色、毛发色等身体色特征，也都是这三种色素的组合呈现出来的结果。在看似相同的外表下，我们每个人在色彩属性上都是有差别的。即使晒黑了，脸上出现了些瑕疵，或者皮肤随着年龄的变化逐渐变得衰老，我们每一个人也都不会跳出既定的色彩属性。

四季色彩理论是以人与生俱来的肤色、发色、瞳孔色为依据，对色彩体系进一步的详分，分别命名为春、夏、秋、冬四大体系。对色彩冷暖基调的认识，它是四季色彩划分的重要依据。

把一个人的皮肤、眼睛、头发等身体固有色与四季色彩特征联系起来，就能找到与之协调搭配的对应因素，从而使人看起来和谐而美丽。而对身体色特征的冷暖的理解和学习，则是掌握个人色彩诊断技巧非常重要的第一步。

暖色调，浅淡、明亮的色彩群与春季桃红柳绿、阳光明媚的自然景色相一致，因此称其为春季型色彩。

暖色调，浓郁、浑浊的色彩群与秋季大地丰收、成熟的自然景色相一致，因此称其为秋季型色彩。

冷色调，浅淡、浑浊的色彩群与夏季凉爽、清雅的碧海蓝天等自然景色相似，因此被称为夏季型色彩。

冷色调，鲜艳、浓重的色彩群与冬季白雪、绿松、冰川、蜡梅等自然景色相似，因此被称为冬季型色彩。

这个理论体系对于人的肤色、发色和眼球颜色的色彩属性同样进行了科学分析，并按明暗和强弱程度的不同把人区分为四种类型，分别找到了和谐对应的春、夏、秋、冬四组装扮色彩。

（1）春季型人的身体色特征

肤色：浅象牙色、粉色，肤质细腻，具有透明感；

面部：呈现珊瑚粉色、鲑鱼肉色、桃粉色的红晕；

眼睛：眼珠呈明亮的茶色、黄玉色、琥珀色，眼白呈湖蓝色，瞳孔呈棕色；

眼神：活跃，有如玻璃珠般透亮、灵活，感觉水汪汪的；

瑕疵：雀斑明显；

毛发：呈柔和的黄色、浅棕色、明亮的茶色；

嘴唇：呈珊瑚红色、桃红色，自然唇色较突出。

春季型人的服饰色彩特征——用黄色基调扮出明亮可爱的形象。

春季型人属于暖色系。身体色特征与春季花园里常见的新绿、嫩黄、暖粉的色调相吻合，适合穿着以黄色为基调的各种明亮、鲜艳、轻快的颜色，比如：浅水蓝、亮绿、暖粉色。选择颜色时，可以采用对比色调，身上可同时出现两种或两种以上的颜色。

穿衣的原则是，一年中都可以穿属于自己的明亮浅调、有温暖感的颜色，共有两种感觉：一种是发白发浅的淡色，一种是鲜艳明快的亮色。前者纤细、可爱；后者给人活泼、好动、年轻的感觉。千万要回避冷暗色调，不要穿黑色、深灰、藏蓝等深重色调。

代表明星：杨幂。

（2）夏季型人的身体色特征

肤色：柔和的米色、小麦色、健康色、褐色；

面部：脸上呈现玫瑰粉的红晕，容易被晒黑；

毛发：柔和的深棕色、褐色、柔软的黑色；

眼睛：眼珠呈现深棕色、玫瑰棕色，眼神柔和；

嘴唇：发紫、发粉。

夏季型人的服饰色彩特征——用蓝基调扮出温柔雅致的形象。

最贴近夏季型人体色的色系是常春藤色、紫丁花色和夏日海水、天空的颜色。穿着各种深浅不同的发白、发旧的蓝色和紫色，会给人一种在烈日炎炎下，东西看起来发白的感觉，比如：磨砂、水洗、砂洗等面料。为了不破坏夏天型人独有的亲切温和的感觉，在色彩搭配上最好不要使用强烈色彩的反差对比，可以在同一色系里进行浓淡搭配，或者在蓝灰、蓝绿、蓝紫等相邻色系里进行搭配。

代表明星：刘亦菲。

（3）秋季型人的身体色特征

肤色：匀整而瓷器般的象牙色、褐色、土褐色、金棕色；

面部：脸上很少有红晕；

毛发：褐色、深棕色、金色、发黑的棕色；

眼睛：浅琥珀色、深褐色、石油色；

眼神：沉稳；

嘴唇：泛白，一部分人为深紫色。

秋季型人的服饰色彩特征——用浑厚浓郁的金色调扮出看上去成熟高贵的形象。

秋季型人适合的色系是大自然秋季的颜色，比如：深秋的枫叶色、树木的老绿色、泥土的各种棕色以及田野上收割在即的成熟色调。这些深色采用同一色系的浓淡搭配。当然，为了显示出独特的一面，也可以在相邻色系里采用对比搭配。如果能对深色运用自如，最适合秋冬季搭配。春夏时节，选择自然的麻色、浅黄、浅绿中偏暖的颜色，就能穿出不一样的味道。过于鲜艳的颜色，会使人显得死板、没有血色、缺乏生气，如果要想突出自己的华丽感，就需要佩戴亚金色首饰，但最好不要戴银色系首饰。

代表明星：李冰冰。

（4）冬季型人的身体色特征

肤色：偏白、偏青底调，有光泽，从很浅的青白到暗褐色。

面部：脸上没有红晕。

毛发：发质较硬，光泽感好，黑色、带红基色的黑褐色、深灰色。头发较早呈灰白色，是冬天型人的典型特点。

眼睛：整个眼部黑白对比分明，眼珠呈黑色、深棕色、黑褐色、榛子褐色或灰色。眼白呈冷白色；瞳孔呈深褐色、焦茶色、黑色；典型的是眼球虹膜外面有一灰色的圈。目光坚定、锐利、有神，给他人一种强烈的距离感。

嘴唇：深紫色、冷粉色。

冬季型人的服饰色彩特征——用原色调扮出冷峻惊艳的形象。

适合纯正、鲜艳、有光泽感的颜色，除了适合黑、白、灰三种无彩色的颜色外，其他颜色均为红、黄、蓝、绿、紫等纯色和一组冰色系。以强烈对比搭配来体现冷峻惊艳的魅力。需要注意的是，要避免浑浊、发旧的中间色。在穿着深灰、藏蓝、纯黑等深色时，如果失去颜色之间或同一颜色之间的深浅对比，会显得黯然失色、毫无特色。若在颈间加一块鲜艳的纯色丝巾或衬衣领，再配上银色系首饰，冷艳明丽的感觉就会立刻显现。

代表明星：高圆圆。

3. 六大个人色彩与服装色彩的搭配

四季色彩理论出现以后，1983年，英国的色彩形象专家玛丽·斯毕兰女士在此理论的基础上，根据色彩的冷暖、明暗、纯度三大属性之间的相关联系，把四季扩展为十二季，即浅春型、暖春型、净春型、浅夏型、柔夏型、冷夏型、柔秋型、暖秋型、深秋型、净冬型、深冬型、冷冬型。人们生来的发色、眼睛的颜色和肤色三者之间的关系决定了用色规律，可以归结为深、浅、冷、暖、净、柔六大固有色特征，这六个特征决定了个人色彩季型，也就是从头到脚的用色范围。你可以对照这六大个人色彩特征，找找自己属于哪一种色彩季型。

（1）深色型

深色型人通常情况下头发乌黑浓密，肤色从中等色到深肤色，符合了深的特点。整个头面部固有的深色特点，给人一种浓重的感觉，必须要用同样浓烈的色彩进行衬托。深型人肤色不白，总觉得自己黑，穿什么都不好看；喜欢穿浅色衣服，来提亮自己的肤色，其实这种浅色只会让人看上去更没精神，皮肤显得更暗哑。这类人其实适合浓重的颜色，会产生绚烂、浓烈的效果。只有深色型人，才能进行深色和深色搭配。那些头发黑黑、皮肤黑黑、眼睛黑黑的人，不要沮丧，因为你是一颗黑珍珠。深色型人可分为深秋型和深冬型。

（2）浅色型

浅色型人的发色、肤色、眼睛的颜色，总体来说是清浅的，缺乏对比，不分明。他们头发不会特别乌黑，基本上都是从黄褐色到深褐色的发色。肤色则从很白到中等深浅的肤色都有，这类人适合轻快明亮的颜色。而黑色对于这类人来说简直是灾难，会显得特别老气生硬。建议这类人最好连黑鞋都别穿，虽然它离脸比较远，但同样会显得沉重、没有活力。

浅色型人又分为浅春型和浅夏型两种。一个是暖调，一个是冷调。大家都知道红黄是暖色，蓝是冷色。现在大家还要接受一个新的色调概念，即冷色调和暖色调，其实每个人都可以穿红、黄、蓝、绿、紫这些颜色，只是要区分是什么样的红、什么样的蓝而已。

（3）冷色型

冷色型的人肤色带有一种青底调。冷色型的人脸色发黄，往往会选用米黄、土黄、咖啡等颜色，觉得这些颜色与自己的脸色比较接近，殊不知这些暖色会让脸色显得更加憔悴没精神。冷色型人也分为冷夏型和冷冬型。

（4）暖色型

暖色型这种人最大的特征就是脸上有一种温暖的橘色底调，从黄白到象牙色，再到深黄色，无一例外。暖色型人喜欢穿冷、柔的颜色还有黑色，应和了他不拥有，就在潜意识中拼命想去追求的想法。因为自身是暖色调，所以才会穿冷色。要懂得千万不要与自己与生俱来的美作战，其实暖色型人不适合穿冷色调的颜色，否则脸色会被映衬得发青。尤其是正蓝色，不仅会让是肤色显得不好看，还会让人看起来感觉怪怪的，十分生硬。暖色型人又分暖春型和暖秋型两种。

（5）净色型

净色型人，是指发色与眼睛肤色形成鲜明对比的人，最突出的特征是眼睛清澈。所以决定了净色型人要用分明、极端的颜色，而且在搭配上也要大胆分明，对比强烈。净色型人分为净春型和净冬型两种。

（6）柔色型

符合柔色型特征的人，脸色都像磨砂玻璃，柔和朦胧，发色、眼睛、脸色之间都缺少明确的对比，发色、肤色都笼罩在一种灰色调中，选择穿柔和雅致的混合色，会显得别有一番韵味。柔型人适合柔和雅致、有灰色底调的颜色。柔色型人又分柔夏型和柔秋型。

那么，颜色到底能带给我们什么好处呢？

适合你的颜色会让你看起来很有精神，显得皮肤亮丽，肤质紧致、透明、细腻，五官轮廓清晰立体，脸型也会得到修饰，脸上的一些小瑕疵，比如，黑眼圈、眼袋、小斑点、小细纹等都会被淡化的。人与色彩之间是和谐的，别人看你会有眼前一亮的感觉。如果用错了颜色，上面说的一切都会向不好的方向转变，会显得脸色暗淡、皮肤粗糙等，人与颜色之间缺乏和谐的感觉，人会显得土气、苍老。

除了色彩方面，还有风格方面。

　　成年女性根据身材线条，可以分成直线板型和曲线板型两大类。这直与曲的线条，就是决定风格最重要的基本元素。例如，曲线型人穿曲线剪裁的衣服会好看。还有很多人会认为黑色衣服可以修饰身材，其实不然，显胖显瘦往往跟衣服的剪裁和所形成的风格有关，是风格决定了人们适合穿什么类型款式的衣服以及面料、发型等。很多时候，衣料的选择也对修饰身材胖瘦起到了决定性的作用。

4. 体形与服装色彩的搭配技巧

众所周知，人的身材体形各有不同，有的比较完美，有的却不尽如人意。穿着上吸引人，并不代表就拥有了好身材，只有掌握了各种体形的穿衣搭配技巧，才能穿出个人魅力。

适当的色彩搭配，不仅能对个人气质进行再塑造，也会让人产生视错觉，不仅掩盖了身材上的不足，还放大了自身的优点。因此，服装搭配对人体形象塑造起到了十分重要的作用。

女性身材大致分成了六类，分别为沙漏形、偏瘦形、梨形、倒三角形、苹果形、矩形。接下来，我们来看看自己属于哪类身材。

（1）沙漏形身材

特点：细腰平稳上下身，胸与臀几近等宽。对女性来说，这是最经典的、理想的、标准的体形。匀称是指身体各部分的长短、粗细合乎一定的比例，易给人以协调和谐美感的体形。

搭配技巧：匀称性的体形是标准体形，人体曲线优美，无论穿哪种款式、颜色的服饰，都能恰到好处。即使穿上最时新、最大胆的时装色彩，也不会显得出格。这样的身材往往具有浪漫、活泼、高雅的感觉。

（2）偏瘦形身材

特点：骨架窄小，肩部、腰部、臀部的尺寸都差不多。

搭配技巧：偏瘦形身材的女生可以选择明亮或浅淡色系的服装，可以采用明显的对比色来搭配，还可以使用横条纹。但是，不适合采用深色、暗色系或竖条纹系列的衣服，否则看上去会显得更消瘦。

（3）倒三角形身材

特点：肩部宽，腰部细，臀部小，像倒立的三角形。

搭配技巧：这种身形最好的搭配是上半身用到的颜色要尽量简单，而腰部间可以采用对比的颜色。需要注意的是，上半身尽量不要使用鲜艳的颜色或者是对比的颜色。

（4）苹果形身材

特点：这种身材的人大量的脂肪都累积在腹部，胳膊和腿没有太多脂肪，看起来就像一个苹果。

这类朋友在穿衣服的时候要注意遮挡腹部的赘肉，着重凸显胳膊和腿部的优点。他们可以选择带有褶皱的上衣或者不规则的格子衬衫，要避免单调的衣服，因为零乱的衣服造型会减少腹部赘肉的视觉感。下装可以搭配高腰的牛仔裤，注意比较胖的朋友挑选衣服的时候要尽量选择深色系。

（5）梨形身材

特点：肩部窄、腰部粗、臀部大。

搭配技巧：可以采用较强烈的细节色彩，将人们的视线引向腰以上的部位，可使之显得苗条。上身和腰肢是这类体形中较为仔细之处，值得强调和突出。下身可以选用线条柔和、质地厚薄均匀、色彩纯实偏深的长裙；上下身服饰色彩反差不能太小，选择扎上一条窄的皮带，就能避免别人视线下引，形成视觉体形上看起来比较匀称的效果；或者下裙采用较暗、单一色调（或深蓝裙子），配以色彩明亮、鲜艳的有膨胀感的上衣（如浅粉色上衣），也能达到收缩臀部、扩大胸部的视觉效果；在领线处挂上大饰物，可以起到转移视线，获得体形优美丰满的效果。需要注意的是，上半身和下半身不要采用强烈的对比颜色。

（6）矩形身材

特点：上下一般粗，腰身线条起伏不明显，整体上缺少"三围"的曲线变化。

搭配技巧：可以通过颈围、臀部和下摆线上的色彩细节来转移对腰线的注意力。同时，也可以采用色彩对比较强的直向条纹连衣裙，加一根深色宽皮带，造成一种视觉差与凝聚感，消除那种看起来没有腰身的感觉，给人以修长、洒脱、轻盈之感。在矩形身材的人中，肥胖形的人胸围、腰围、臀围等横向宽度都较大，服饰长度也会相应地增加。全身细长的服饰色彩能改变肥胖笨拙的视觉体态，给人以丰满、成熟、洒脱的印象。在腰线处使用跳跃、强烈的色彩，会增加人们对腰部的注意。

此外，还有其他一些特殊身材。

（1）体形太肥胖

肥胖体形的人适宜穿用深色、冷色小花纹的服饰，会显得清瘦一些。穿色彩太艳丽或大花纹、横纹等服饰，会导致体形向横宽错视方面发展。色彩搭配上，不能上身深下身浅，否则会增加人体的不稳定感。冬天，不宜穿浅色外衣；夏天，不宜穿暖色、艳色或太浅的裤子，否则会显得更胖。款式上切忌繁复，要力求简洁明了。面料上，过厚会使人显得更胖，过薄易暴露出肥胖的体形。

（2）体形太瘦高

体形太瘦高的人宜穿浅色横纹或带有大方格、圆圈等的服饰，以视错觉来增加体形的横宽感。同时，可选用红、橙、黄等暖色的服饰，使之看上去或健壮一些、或丰满一些、或更匀称一些。不宜选择单一性冷色、暗色的服饰色彩。体形瘦高的人一般腿比较长，搭配风衣加打底裤会显得很有型。

（3）体形太大

体形太大的人不宜穿着颜色浅且鲜艳的服饰，而且最好免去大花格布，而以小花隐纹面料取而代之，主要是避免造成扩张感，以免使形体在视觉上显得更大。

（4）体形太矮

体形太矮的人，在色彩搭配上要掌握两个基本要领：一是服饰色调以温和为主，不要选用极深色与极浅色；二是上装的色要相近，搭配同一色系，反差不要太大，对比不要太强烈。要少穿或不穿色彩过重、纯黑色的服饰，免得在视觉上造成缩小的感觉。不要穿鲜艳大花图案和宽格条的服饰，应该挑选素静色和长条纹服饰；个子较矮的人如果配上亮度大的鞋、帽，反而会显得更矮；身着灰色服饰，配上一顶亮度大的帽子，则显得高一些。

（5）肩膀宽厚

宽肩的女性不适合穿泡泡袖的印花装，膨胀的袖子会让倒三角的体形更加突出，要应尽量选择 A 字形裙摆或强调下半身印花的设计，不要让人们的视线停留在上半身。

（6）胸部过大

胸部过大的人宜穿宽松式上装和深色、冷色单一的色彩，这样可使胸部显得小些；而且上装款式不宜繁复，以避免视觉停留。

（7）胸部过小

胸部过小的人除应选用质地轻薄、飘垂的宽松上衣外，色调宜淡不宜深，宜暖不宜冷，也不宜穿紧身衣。上装若用鲜艳色调、轻松色调的图案来装饰，可使胸部显得丰满些。

（8）水桶腰

水桶腰的人应尽量选择无腰线设计的裙装，比如：娃娃裙、直线条裙和茧形裙，它们都能很好地遮盖腰部赘肉。如果选择分身搭配，可以在上身穿着 A 字形剪裁的上衣或泡泡袖上衣，并搭配深色宽腰带。上衣尽量不要穿有大印花的，要穿纯色和小碎花的，产生视觉收缩的效果。

5. 服装色彩与人的心理、性格的关系

一个人偏好的颜色常常代表其性格和感情，一个人对服装颜色和服饰的偏好，更可以推测其心理。根据颜色的喜好做心理和性格判断，开始于德国心理学家鲁米艾尔。此后，这种研究便在世界流行开来。

一般说来，各种颜色早已经被人们赋予了比较固定的含义。

红色——个性坚强，积极豁达。活泼异常，感情丰富，性格外向。总是准备争论或带有进攻意识，说话做事快而不假思索。

喜欢红色的人一般都是精力旺盛的行动派，不管花多少力气或代价也要满足自己的好奇心和欲望。饱满的精神状态，会感染周围的朋友。但由于缺乏耐性，常常稍微不顺自己的意就会生气。不过好在他们天生乐观，并不会因为挫折而闷闷不乐，总是会想办法当场解决。只是一旦有事发生，总是先怪罪别人，这点很不好。如果对别人能够以更宽大的心去对待的话，相信人气会更旺。

喜欢穿红色服装的女性被认为是"具有丰富愿望的年轻型"，生活中她们常常感到不满足，富有冒险精神，追随流行时尚，其变幻无常的性情常常令人捉摸不透。做事积极主动，意志坚强，不轻易服输，很难受别人左右。在恋爱方面一贯主动热情，最受年轻男士欢迎。在金钱方面，则是努力赚钱，大方花钱。

黄色——心情欢畅，轻松愉快。性格外向，精力充沛，做事潇洒自如，说话无所畏惧，不担心别人听了会考虑什么。不易动摇，是可以信赖的人。

喜欢黄色的人，富有高度的创作力及好奇心。关心社会问题甚于切身问题，喜欢追求崇高的理想，尤其热衷社会运动。他们相当自信，而且学识渊博，但也以此为傲。看起来好像社交家一样，其实内心很孤独。所以绝对不会背叛朋友，也绝对不做没有把握的事。

喜欢黄色的女性内心一般都天真烂漫，外表比较理性和冷静。对自己的智慧和能力充满信心，同时也期望获得他人的赏识。从外表上看，她们好像很温顺，其实很好强。在金钱上很豁达，除非钱确实不多，否则不会在乎钱。

蓝色——喜欢宁静，镇定自若，无忧无虑，善于控制感情，责任感强；见识广，判断力强；胸怀宽广，性格内向。

喜欢蓝色的人一般都很理性，面对问题不慌张，遇到冲突总会悄无声息地化解，等到该反击时，总会以漂亮的手段让对方折服。人缘不错，但不擅长交际，只能跟志同道合的朋友自组一个小团体。坚持崇高的信念，受人尊敬；坚持己见，对旁人的意见缺乏采纳的雅量，与人意见相左时，虽然表面上没显露出任何的不悦，心里却很介意。

喜欢蓝色的女性一般都诚恳真挚，想象力丰富；个性温柔细腻，气质优雅，但比较敏感，容易受伤。憧憬温情和浪漫的爱情，重视友情，喜欢为他人花钱，缺乏赚钱或储蓄的头脑。

紫色——多愁善感，焦虑不安，然而往往能够驾驭和控制内心感情的忧虑和苦恼，性格内向。

喜欢紫色的人有很多都是艺术家，即使不是也很像，他们机智中带有感性，观察力特别敏锐。虽然自认平凡，但相当有个性。在公开场合，他们总是显得沉默而内向。但常常容易滥用感情，以致造成很多不必要的误会。这种不是恶意的滥情，在事后别人告知后，也会很认真地反省，但很容易再犯。

喜欢紫色的女性感情比较浪漫，鉴赏力强，个性十足；她们讨厌平庸，喜欢独特的构想；在消费方面，该花则花、该省则省。

绿色——性情平静，善于克制，心绪不易烦乱，几乎不会出现焦虑不安或忧愁的状态，他们充满希望，心态乐观，希望事事更加美好。典型的性格内向类型。

喜欢绿色的人，基本上是一个追求和平的人。不过害怕独处，喜欢群体的生活，也因此擅长与周围的人保持良好的和谐关系。总是给人亲切温和的印象，而周围的人也十分信赖和崇拜他们。喜欢绿色的人十分上进，但因为不喜欢在团体中太突出，所以也会要求周围的人一起奋发向上。

喜欢绿色的女性被认为是"坚韧实际的母亲型"，生活中她们安于现状，行动慎重并且很努力，但害怕冒险和超前，性格内向，常常压抑自己的欲望，在感情方面羞于主动。

黑色——感情忧愁悲伤，人生之路总有每况愈下的感觉，如果感觉不能像自己所想的那样去说话和做事，就会认为自己处境不够好。

喜欢黑色的女性，感情外露，渴望被关怀爱护。她们可以分为两种截然不同的类型：要么老实、朴素、不喜欢引人注意；要么喜欢言语浮夸。对于金钱，要么节俭，喜欢朴实安定的生活；要么充满野心和欲望，喜欢过奢靡的日子。

白色——喜欢白色的人，会让人产生可远观但不可亲近之感。他们平和冷静，善于表达自己的感情。

喜欢白色的女性比较容易受到华丽外表的迷惑，在意内心的情感和精神世界。她们不喜欢太出位，不喜欢抢眼的东西。她们诚实，责任感强，秀外慧中。表面上看她们善于理财，但总会将钱花在不该花的地方。她们对自己的身材和美丽很自信，恋爱时多数都不会主动先向对方表达爱意。

棕色——有强烈的基本欲望，能凭自己的见识获得巨大满足，比如：吃的、喝的等方面的欲望，但总会觉得以后会犯错。

喜欢棕色的人一般都个性拘谨，自我价值观很强，害怕因为外来因素的介入而改变自己。但是，在外表及处理事情上，他们很值得他人信赖。对于人与人之间的利害关系，分得很清，但也容易给人以冷漠的感觉。

粉色——比较感性，处世温和，给人以年轻、有朝气的感觉，甚至还会在旁人眼中显得很高贵。多数都是俊男美女，看到觉得很舒服。不过，他们都有着强烈逃避现实的倾向。他们不喜欢向别人吐露心事，只愿意躲在自己的小天地中。不容易接受别人的意见，不喜欢跟人争论，有些优柔寡断。他们无法忍受现实的难堪及曾被信任的人背叛。

衣服的颜色大体上能够分为三大类：冷色、暖色和中性颜色。

暖色博好感——暖色包括红色、黄色、橙色等，给人热情、自信、友爱、爽朗的感觉，有助于结交朋友，增强自信心，能够扩大社交圈子。

冷色增气势——冷色及深色的衣服，如黑色、深啡色、深蓝色等，可以营造严肃气氛，给人以冷淡、神秘等感觉。

中性色缓敌意——面对纷争、缓解敌意时，不能穿鲜色衣服，否则会牵动情绪，令人激动。穿着中性颜色的衣服，包括啡色、米色、浅灰色等，可以缓和紧张气氛，达到平衡效果。

所以，运用某种特定的颜色，或改变个人对颜色的喜好，有利于改变情绪和性格。

第五章
找到适合你的服装色彩

　　服装色彩与人搭配得当，可使人显得端庄优雅、风姿卓著；搭配不当，则使人显得不伦不类、俗不可耐。根据每个人与生俱来的条件，都有适合自己和不适合自己的颜色。当然，能够适合自己的颜色有很多，只是要找到而已。

服装给人的第一印象是色彩。人们经常根据配色的优劣来决定对服装的取舍，来评价穿着者的文化艺术修养。所以找到适合你的服装配色，是衣着美的重要一环。

服装色彩与人搭配得当，可以使我们显得端庄优雅、风姿卓著；搭配不当，则会让人显得不伦不类、俗不可耐。在购物的时候，很多人都会纠结于什么颜色的衣服适合自己，而通常情况下，他们会选择非常保险的颜色：黑、白、灰，衣橱里只有低调黑色，再无其他色彩。

其实，根据每个人与生俱来的条件，都有适合自己和不适合自己的颜色。当然，适合自己的颜色很多，只是要找到而已。

色彩可以影响心情，不同的人对色彩的偏爱也有所不同。因此，在考虑服装的配色时，应该对穿着者的性格和个性进行具体分析，达到色彩个性和人的个性的和谐统一，这才是服装色彩搭配的精髓和我们最需要掌握的内容。

1. 完美形象必须处理好三个关系

要塑造自己的完美形象，必须处理好色彩关系、风格关系和角色关系。在处理好这三个关系的基础上，才能谈穿着服饰上的完美形象。

首先，是色彩关系。色彩关系包括服饰色彩上的选择与搭配，还包括服饰色彩与四季型色彩人的协调与和谐。

春季型人的色彩搭配原则——基调属于暖色系中的明亮鲜艳色调。

驼色、亮黄绿色、杏色、浅暖水蓝色、浅金色都可以作为主色穿在身上，这些颜色是大衣、套装、鞋和包的常用色。如果选择红色，就要选橙红和橘红色搭配；如果要穿白色，最好选择泛黄色调的象牙白搭配；选择灰色时，可以选择浅暖灰和中暖灰等带有光泽和明亮感的灰色，与桃粉、浅水蓝色、奶黄色搭配起来。为了突出朝气与俏丽，在色彩搭配上，应遵循鲜明对比的原则。

特别值得注意的是，对春季型人来说，黑色是最不适合的颜色，过深过重的颜色会与春季型人白色的肌肤、飘逸的黄发出现不和谐音，因为春季型人的特点是明亮、鲜艳，这样打扮的话，会使春季型人看上去显得暗淡。属于春季型的人用明亮、鲜艳的颜色打扮自己，会让自己感觉精力充沛、激情四射。

夏季型人的色彩搭配原则——用蓝色基调塑造温柔雅致的形象。

夏季型人永远都是人群中最温婉飘逸的那一个，极富女人味，适合穿以蓝、紫、粉为主色调的颜色，凸显女性的温柔和恬静的气质。为了不破坏夏季型人独有的亲切温和感，搭配色彩时，要尽量避免反差和强烈对比，要在同一色系里进行浓淡搭配，比如，浅蓝色、浅蓝灰色、藕色、紫色、水粉色、玫瑰红色等。

夏季型的人穿灰色，会显得异常高雅，但要选择浅至中度的灰，最好将不同深浅的灰蓝色和蓝灰色与不同深浅的紫色及粉色进行搭配。同时，夏季型人适合穿可可色、玫瑰棕色，可以与色彩群中的浅蓝黄、清水绿、淡蓝色搭配。如果想穿红色，则要以玫瑰红为主。

值得注意的是，夏季型人不适合穿黑色，过深的颜色会破坏夏季型人的柔美，可用一些浅淡的灰蓝色、蓝灰色、紫色来代替黑色。同时也要注意夏季型人不太适合藏蓝色。另外从饰品到包包，都应运用同色系搭配。

秋季型人的色彩搭配原则——用浑厚浓郁的金色调扮出成熟高贵的形象。

浓郁而华丽，越浑厚的颜色越能衬托，最适合的颜色是金色、苔绿色、橙色等华丽的颜色。如果选择红色，就要选择砖红色和与暗橘红相近的颜色。

秋季型人的服饰基调是暖色系中的沉稳色调，浓郁而华丽的颜色可以衬托出秋季型人成熟高贵的气质；越浑厚的颜色，越能衬托秋季型人陶瓷般的皮肤。比如，咖啡色、金棕色、砖红色、铁锈红色、苔绿色、芥末黄、橄榄绿等颜色，不适合强烈的对比色，只有色相相同或色相相邻的颜色，才能突出华丽感。

秋季型人适合深深浅浅的驼色和棕色，穿棕色时搭配橙色系，会让人显得充满活力。夏天的时候可以选择牡蛎色、暖米色、牛皮黄、浅杏色等浅淡轻柔的颜色。穿着绿松石蓝色时，与金色和橙色搭配，会显得格外华丽和成熟。

值得注意的是，秋季型人穿黑色会显得皮肤发黄，可以用深棕色来代替黑色。

冬季型人的色彩搭配原则——用原色调塑造冷峻惊艳的形象。

冬季型人的主要标志是：天生的黑头发，锐利有神的黑眼睛，冷调的几乎看不到红晕的肤色。在雪花飘落的日子，冬季型人更易装扮出冰清玉洁的美感。

冬季型色彩基调体现的是"冰"色，即塑造出冷艳的美感。最适合原汁原味的原色，如以红、绿宝石蓝、黑、白等为主色，冰蓝、冰粉、冰绿、冰黄等皆可作为配色点缀其间。冬季型人只有搭配起来，才能显得惊艳、脱俗。选择红色时，可选正红、酒红和纯正的玫瑰红。

冬季型人最适合用对比鲜明、纯正、饱和的色彩。在四季颜色中，只有冬季型人最适合使用黑、纯白、灰这三种颜色。也只有在冬季型人身上，黑、白、灰这三个大众常用色才能得到最好的演绎，真正发挥出无彩色的鲜明个性。藏蓝色也是冬季型人的专利色。但在选择深重颜色的时候一定要有对比色出现。

值得注意的是，冬季型人着装一定要注意色彩的对比，只有对比搭配才能让自己显得惊艳、脱俗。

其次，是风格关系。不同的人肯定有自己的服饰色彩及其搭配风格。

运用自己的色彩群，不仅能把自己独有的品位和魅力最完美、最自然地显现出来，还能因为通晓服饰间的色彩关系而节省许多装扮时间、避免浪费。重要的是，知道了什么颜色最能提升自己、什么颜色最排斥，就能在一生中的任何时刻轻松驾驭色彩，科学自信地装扮出最漂亮的自己。

一定要坚持适合自己的，时尚也不例外。我们得避免颜色误区，比如，许多人认为穿黑色会显得苗条，但实际上有的人并不适合黑色。一些人照搬或模仿时尚杂志上的"潮流"，但也许学来了许多败笔。此外，脸部附近的饰品，如发饰、眼镜、丝巾等饰品的颜色搭配与肤色神情是否协调，对一个人的外在形象有很大的影响。

世界上没有不美的颜色，只有不适合的色彩搭配。关于色彩的搭配其实有很多种方法，其中有两种最实用、最保险，也是比较容易学会的方法。

一是同种颜色不同色调的搭配。举例来说，蓝色有深浅不同的蓝色，也有鲜艳或显旧、显脏的蓝色。在一身服饰的搭配中，我们选用蓝色这个元素，可以利用不同种蓝色进行搭配。

二是同一种色调不同颜色的搭配。看颜色的时候，人们会不自觉地将颜色分类，会说，这些颜色浅淡，这些颜色鲜艳，这些颜色显得旧旧……在搭配颜色的时候，如果发现某一群颜色有某一同种特征，就可以选择这种颜色进行搭配，比如：淡粉色、淡蓝色和淡黄色搭配；军绿色、咖啡色和暗红色搭配。

当然，个人形体对服装款式的选择也会产生很大的影响。身材矮胖、颈粗、圆脸形的人，适合穿深色低"V"字形领、大"U"形领套装，不适合穿浅色高领服装；身材瘦长、颈细长、长脸形的人，适合穿浅色、高领或圆形领服装；方脸形的人，适合穿小圆领或双翻领服装；身材匀称、形体条件好、肤色好的人，着装范围较广，浓妆淡抹总相宜。

同时，还要客观地认识自己，至少要找出自己身上的三个优点，用视线转移法来调整自身的不足。如果腰部很粗，就不要在腰部做任何处理，要将亮点放在自身比较靓丽的位置上，比如：胸部比较美可佩戴胸针等其他饰物，颈部可以佩戴丝巾等饰物，也就是将人们的视线由你的劣势部位转移到你的优势部位。身材高的人，穿长裙，显得潇洒飘逸；个子矮的人，穿短裙，显得精神干练。

最后，是角色关系。着装应与自身条件相适应。

选择服装时，首先要与自己的年龄、身份、体形、肤色、性格等和谐统一。年龄大的人、身份地位高的人，服装款式不宜太新潮，要选择款式简单的、面料质地与身份年龄相吻合的服装。青少年着装则要体现出青春气息，要朴素、整洁一些，能清新、活泼最好，过分进行装扮，会破坏掉自身的青春朝气。

着装要与职业、场合相宜，这是不可忽视的原则。工作时间着装应遵循端庄、整洁、稳重、美观、和谐的原则，要给人以愉悦感和庄重感。从一个单位的着装和精神面貌情况，便能体现出这个单位的工作作风和发展前景。现在越来越多的组织、企业、机关、学校开始重视统一着装，这是很有积极意义的一项举措，这样不仅给了着装者一份自豪感，同时又多了一份自觉和约束，成为一个组织、一个单位的标志和象征。

着装应与场合、环境相适应。正式社交场合，着装要庄重大方，不要太过浮华。参加晚会或喜庆场合，服饰可以明亮、艳丽些。节假日休闲时间，着装要随意、轻便些，如果西装革履，会显得拘谨。家庭生活中，着休闲装和便装，更有利于与家人的感情沟通，更能够营造轻松、愉悦、温馨的氛围。但是，如果穿睡衣拖鞋到大街上去购物或散步，是非常失礼的。

着装应与交往对象、目的相适应。与外宾、少数民族相处，更要尊重他们的习俗禁忌。总之，着装最基本的原则是体现和谐美，上下装呼应和谐，饰物与服装色彩相配和谐，与身份、年龄、职业、肤色、体形和谐，与时令、季节环境和谐等。

2. 找到适合你的深浅、艳浊和冷暖色彩

如今新潮时尚的服装很多，可是为什么有的人穿上就显得很漂亮，有的人穿上就不好看呢？这就需要分析一下自己的色彩类型和风格类型。

可以这样说，没有不好看的颜色，只有不适合你的颜色。穿对了颜色，会衬得脸色白皙明亮，神采奕奕，眼袋和黑眼圈都淡了很多；如果穿错颜色，就会显得脸色很差，灰暗疲惫，脸部瑕疵更加明显，眼袋和黑眼圈会更明显。

首先要知道，色彩有深浅、有冷暖、有艳浊。人的皮肤、衣服的颜色，都可以这样分。要想搭配出适合自己的衣服，必须先了解自己属于什么颜色，什么颜色的皮肤应该搭配什么颜色的衣服。

皮肤浅的人，与暖色衣服相配；皮肤深的人，与冷色衣服相配。皮肤艳的人，衣服的颜色要对比明显；皮肤浊的人，衣服颜色要选择渐变色。

每种颜色都有自己的独特属性，是深是浅，是鲜艳还是浑浊，是冷色还是暖色，形成了不同的感觉，适合不同的脸色。比如，同样是红色，偏橘红色，是暖色，就适合暖色调的人穿，他们穿起来以后，眼神明亮，脸部光彩红润，白皙很多；偏紫红色，就是冷色，适合冷色调的人穿，穿起来脸部显得柔和明净，瑕疵淡化。如果将两个人换一下，冷色调的人穿橘红色，脸色明显暗黄，看起来病态憔悴；让暖色调的人穿冷色调的紫红，会显得目光呆滞，眼神呆板，脸色僵硬无生气。所以，一定要知道自己本身的色彩属性，再找到适合自己的色彩，让自己相映生辉、明亮动人。

再比如，白色，有直白和乳白、象牙白、哔叽白之分，这几种白之间也有深浅、冷暖、鲜浊之分。有的人穿直白显得脸黑，有的人穿乳白显得脸灰蒙蒙的，没精神。当然，有的书上说，适合直白的是冷色，适合乳白的是暖色，其实这是非常错误的说法。直白和乳白都是冷色，它们只有深浅和鲜浊的区别。

所以，真正搞清楚自身的色彩属性以及适合的色彩，最简单有效的办法就是找到色彩分析师，在专业的分析指导下，你可以得到一辈子的色彩指导。因为属于你的基因色是终身不变的，也就是说，测一次就会知道这辈子自己适合穿什么属性的颜色。

其实，赤橙黄绿青蓝紫，这些颜色都可以穿，只要搞清楚自己适合这些色彩的深浅、冷暖和鲜浊，就可以放心大胆地穿了。当然，还包括丝巾、头饰、胸花、鞋子、包包等色彩搭配，以及头发的颜色和指甲油的颜色。只要将这些色彩运用得如鱼得水，挥洒自如，就能搭配得当、靓丽出彩。要知道不适合的颜色，会让自己的形象大打折扣，显得老气、土气、憋气、泄气，最后没脾气。

在这里可以向大家介绍一个如何判断自己皮肤的冷暖小窍门。随便找到一个橘色的东西，在自然光下放到自己的身前，对着镜子看，如果发现自己的皮肤变黑，证明自己是冷色；如果发现皮肤透亮有光泽，证明自己是暖色。

还有一种分法，那就是艳基调的人和柔基调的人。

艳基调人的特征：对比明显，面部骨感清晰，五官对比分明。这类人适合选择颜色清楚的服饰，要么选择干净通透的色彩，要么选择暗重清晰或鲜艳的色彩，不适合选择色彩柔和、雅致的浊色。

在搭配中，艳基调人要选择对比分明的颜色搭配，如黑色要搭配各类鲜艳色，如正蓝色和黄色等。艳基调人在挑选饰品时，以选择亮丽有光泽的金属为主，这类型人特别适合白色饰品，各类颜色艳丽的宝石色彩均适合。

柔基调人的特征：面部色彩柔和，皮肤色与眼睛色深浅相似，气质柔和。在选择色彩时，要强调色彩的湿润感和柔雅感，弱化颜色的对比和鲜艳度。服装色彩适合选择柔和的米色、雅致的灰色、驼色、柔和的灰绿色、柔和的灰蓝色等。

这种人在挑选饰品时，适合柔和的象牙白、贝壳色、K金等颜色。

3. 你在直曲、大小、均衡度上的风格

一个人究竟适合哪种款式、质地图案、饰物形状、妆感和发型，完全取决于一个人与生俱来的相貌和形体特点。

除了肤色，还有一种方法，就是通过大—小、直—曲、均衡—特殊来判断一个人的风格。

所谓大小，是指人的量感的大小，可通过身材高矮、体形胖瘦来区分量感大小。

举例，歌手那英就属于大量感的人，会显得成熟，适合大量感的衣服和配饰。如果选花色的衣服，就适合大花的衣服。杨钰莹就属于小量感的人，要选择适合小量感的衣服，如果选花色的衣服，适合碎花衣服。

所谓均衡与特殊，就是指一个人的面貌比较温和柔美，有特点，在人群中很容易被发现。

通过这三种可以分出人的风格有八种：少女型、少年型、前卫型、优雅型、自然型、古典型、浪漫型、戏剧型。

（1）少女型

少女型代表人物：徐若瑄、伊能静、董洁、杨钰莹、张含韵等。

少女型人五官小巧精致、神情轻盈、可爱，带有纯真的感觉，天生一张娃娃脸，即使已经四五十岁了，也是一副年轻可爱的少女模样。生活中，她们活泼开朗，最适合演绎当下流行的"萌妹子"。

少女型人穿衣应以短小可爱款为主，不要给人以粗糙、生硬、老气的感觉。适合穿着小碎花的连衣裙，打扮也要带有小可爱的成分，比如：蝴蝶结、蕾丝花边、小圆点、小花朵图案，衣服的领子、衣襟、口袋等边缘线都是曲线形的，搭配小圆头、小尖圆头的鞋。少女型人最怕老气打扮，如果盲目追求老练的感觉，只会弄巧成拙，不如顺应自己的风格特点，突出"大女人"所没有的娇美。

（2）少年型

少年型代表人物：李宇春、孙燕姿等。

少年型人适合短小精干的衣着，不能太长，也不能太宽松，不要使用服装的荷叶边、大花朵等过于华丽和装饰感太强的东西，适合小西装领套装、小皮夹克、小牛仔，以及带有金属装饰的工装裤。只有少年型风格的人，才能把牛仔的韵味和时尚感穿出来。多用直线型剪裁的服饰，可以充分展现自己的帅气之美。

（3）前卫型

前卫型代表人物：李玟、王菲、郑秀文、吕燕、张惠妹等。

前卫型人通常需要用一些有个性的东西表达出自身的另类特点，她们时尚、摩登、特别、标新立异，不走寻常路。身为前卫型的人，在发型和衣饰上要强调直线感，不要过多曲线感，服饰的细节要有变化，不能中庸，例如，不对称、斜衣襟，要大量运用当下的流行元素，她们擅长表达强光泽的面料，还有豹纹，一切时尚的元素都可以轻松驾驭。

（4）优雅型

优雅型代表人物：赵雅芝、林志玲等。

优雅型女性带有较浓郁的女人味，温柔、雅致、飘逸、文静、柔弱、精致。生活上，她们是典型的贤妻良母；性格上，她们温和、淑静，有小家碧玉的感觉。优雅型的人要求曲线板型剪裁的款式和柔和的面料，上身一定要收腰设计，合体贴身的腰线会让优雅型人圆润的身材显得十分苗条，在服装搭配上可以穿长裙，但必须是包身收口的。丝巾对这类风格的人将会起到锦上添花的作用。

（5）自然型

自然型代表人物：徐静蕾、刘若英等。

自然型人给人以大方、洒脱、亲切、纯朴、随和等感觉，可以把休闲装穿得很潇洒，可以给人以自由洒脱的姿态。她们身材较为高挑，长发飘飘，无拘无束，举手投足间不刻意做作，豪迈豪爽，似乎是一群"关不住"的女人。自然型人，拥有奶茶一样的气质，穿衣要随意大方一些，穿出洒脱的感觉；衣服的裁剪要简洁大方、宽松长大，不要拘谨、小气、刻意，即使是一条直腰身的长裙，也可以穿出很漂亮的感觉。裤型最好是略宽松的直筒裤，不适合标准的西裤型。图案要随意、不规整，比如：叶子、山脉肌理等都是适合的图案。服装要表现出自然、放松，不能太过追求精致；适合穿着休闲装，可以鲜活地表达出对舒适及洒脱的气质追求。

（6）古典型

古典型代表人物：杨澜、李嘉欣、戴安娜王妃、希拉里等。

古典型人给人以端庄、稳重、精致、严谨、高贵、脱俗的感觉，始终保持着整洁、规范、干净的着装与颜容。她们成熟高雅，追求高品质的东西，似乎总跟人保持着一定的距离，知性感强，有着贵族般的气质。古典型人的打扮要求正统、上品，能把正规的西装套裙穿得神采飞扬，不适合穿松松垮垮的运动服。服装的面料要高档精细，要穿丝、缎、羊绒、细呢、羊皮、细牛皮等面料，不能穿土布粗麻、尼龙等面料。总之，古典型女人服装搭配要注意传统、高贵、严谨三要素。

（7）浪漫型

浪漫型也称万人迷型，代表人物：陈好、梦露、刘晓庆、温碧霞等。

浪漫型人最具有女人味，她们妩媚、华丽、妖娆、有风情，有着成熟女人的魅力，全身上下都透出迷人的、性感的气息，特别是眼睛，总会含情脉脉的，像放电一样。她们的身材圆润、凹凸有致、婀娜妩媚，给人一种华丽、迷人、成熟、大气的感觉，而且还会带有一点"侵略性"，最让男人着迷。浪漫型人最有资格展示性感，适合曲线感十足的衣服，为了显示自己的成熟美，还可以穿略微暴露的服装。这类女人具有一种妩媚的古典美，适合大花装饰的衣服，花朵图形要华丽、精美；花裤子也最适合她们穿。不过，一定要保持装扮上的"度"。

（8）戏剧型

戏剧型也称大姐大型，代表人物：毛阿敏、梅艳芳、韦唯、马艳丽等。

这种类型的人，个子较高，骨架大，五官分明，视觉冲击力强，存在感强，看起来比同龄人成熟，比自己的实际身高要显高。她们很容易形成磁场，在华丽、隆重、盛大的场合下，最容易成为焦点。装扮上要强调"夸张"，大开领的衣服、喇叭袖、夸张的多层次花边、男性化西装、紧身深开衩长裙、垂感好的金银丝织物，以及皮毛等质感强烈的服装，都是适合的装束。宽大的领形，能衬出戏剧型人的气派，所以领形一定要宁大勿小。无论胸部有多丰满，都是背部线条平直、肩部线条宽硬的直线形人，都是适合穿有雕塑感的直硬造型服装，尤其是肩部有垫肩造型、裙摆有 A 字伞状感觉的廓形，这两种款式已经可以成为戏剧型人的代言。

　　找到自己的风格，再搭配合适的衣服，自然就协调变美了。

4. 从角色和气质中找到你的形象特点

衣服和丈夫一样，都是适合自己的就是最好的。所以，不要太注重品牌，否则会让你忽视了一些内在的东西。因此，应该多花些时间和精力在服装的搭配上，如此，不仅能让你以 10 件衣服穿出 20 种搭配，还能锻炼自己的审美品位。

众所周知，那些能够给人们留下深刻印象的穿衣高手，不论是设计师还是名人，都创造出了自己的风格。一个人不能妄谈拥有自己的一套美学，但应该有自己的审美品位，而要做到这一点，就不能被多变的潮流所左右，应该在自己欣赏的审美基调中，加入时尚元素，融合成个人品位。只有融合了个人的气质、涵养、风格的穿着，才会体现个性，而个性是最高境界的穿衣之道。

千种气质、万般眼神，均源自人与人之间千差万别的性格特征。轮廓线条的直曲、比例的均衡度，在一定程度上决定了你的"型"。只要找到自己的"型"，就能找到自己对应的位置。不管是戏剧，还是时尚，终会有一种材质、图案和款式属于你。

不同性格的人选择服装时，应注意性格与色彩的搭配与协调。

沉静内向的人，为了符合他们文静、淡泊的心境，适合选用素净清淡的颜色；活泼好动的人，特别是年轻姑娘们，要选择颜色鲜艳或对比强烈的服装，体现她们青春的朝气。

性格开朗的人，适合穿白色和暖色系的高明度色彩的服装，不宜穿黑色或冷色系的服装。

性格温和的人，适合穿色彩柔和、中明度的服装，不宜穿色彩高明度、高对比度的服装。

性格潇洒的人，适合穿色彩高对比度的服装，不宜穿低明度、低对比度的色彩的服装。

性格热情的人，适合穿积极的色彩，不宜穿白、灰白等消极色彩的服装。

理智的人，适合穿柔和的冷色、黑色或白色，不宜穿温暖而强烈色彩的服装。

朴素的人，适合穿低明度、低对比度的冷色，而不宜穿高对比度的暖色的服装。

有时，有意识地变换一下色彩，还能掩短扬长。比如：过分好动的女性，可以借助蓝色调或茶色调的服饰，增添文静的气质；性格内向、沉默寡言、不善社交的女性，可以试穿粉色、浅色调的服装，来增加活泼、亲切的韵味；而明度太低的深色服装，会加重沉重与不可亲近之感。

美，是内外兼修的，更是一种礼仪、一门学问。上帝创造了人，却又让他们留有或多或少的缺憾，也许，这正是美产生的根源。

　　服装的款式与色彩能带给人视觉上的错觉，同时通过选择适当色彩的服装，可弥补体形上的不足。一般来说，浅色的衣服可以给人丰满的感觉。因为浅色的服装通常采用暖色调和亮度大的色彩，具有扩大物体体积的作用，如红色、黄色等。这一类型色彩的服装适合于身材瘦小的人穿着。皮肤色调较深的人适合穿一些茶褐色系的服装，看起来更有个性，墨绿、枣红、咖啡色、金黄色都会让你看起来自然高雅。如果体形过胖，则应尽量避免这类过于鲜艳的服装颜色，而应选择深色或冷色调的服装。具体说，夏天尽量不穿白色、浅灰色等色的裤子，冬天最好不要穿浅色的外衣。

　　某些人体形上的不足，完全可以通过适当的搭配进行弥补，比如：臀部过大、不丰满，可以选用深色裙裤、浅色上装，形成视觉上的收缩与放大错觉，补正体形。

　　深色调的衣服可以给人一种瘦小的感觉。因为深色的服装，通常是冷色调的服装，这一类色彩给人以收缩的感觉，让人显得瘦削、矮小，如深绿、暗蓝、蓝紫等色。如果穿着者身材是瘦削形的，应尽量避免穿色调过于灰暗的服装，可选用暖色调的服装。

　　当然，什么颜色的衣服没有强烈要求就要搭配什么颜色的衣服，就像是春夏秋冬四季应该穿什么颜色并没有固定的标准。其实，色彩根本就没有季节之分，一种颜色同时可以和多种颜色相配。

5.潮流会消逝，风格却永存

在时尚的圈子里，一批批的人走进这个圈子，同时又有一批人被挤出这个圈子。时间飞逝，回首过去我们会惊奇地发现，只有独特的风格能够得以永存。所以，法国时尚界大师可可·香奈儿才说："时尚转瞬即逝，唯有风格永存。"

20世纪20年代，Coco Chanel（可可·香奈儿）女士为女性设计的黑色迷你裙和西裤，不仅改变了这个世界，还改变了男人眼中的女人。即使时代有再多变迁，80多年后的今天，潮流在不断改变，而Chanel那基于男装的模式和现代主义的简洁风格确被时间沉淀在那里，永不消弭。每当新一季的trending发布出来，女人们似乎总会掏出钱包来为"trending"（趋势预测）买单。但是，follower（追随者）永远是follower，那些看上去感觉还不错的人们决定自己时下该穿什么，总会迟了一步，总也赶不及。

而她们，在赶什么呢？

这让人想到了时下很火的韩流明星。他们光彩动人，扑面而来的青春气和咄咄逼人的精致感很难不引起人们的注意，但这样的人多如天上繁星，每个都可能如昙花一现，无法在人们的心里留下痕迹。似乎每个月都有新名字因为主演一部韩剧而冒出来，而几乎每年都有旧人黯然退出我们的视线；5 年，这个数字似乎就是极限了。久而久之，审美疲劳的观众终于发现，有些人之所以会被人长久记住，并随着时间的流逝印在人们的脑海里，都是因为有一种叫作内涵的东西在支撑。正如服饰衣着，只有找到契合自己特点的风格，才真正找到了穿衣的真谛。

那么，时尚是什么呢？现如今很多人都把时尚理解为"概念"。"概念"性的时尚，就像一个空壳子，只是一个表象的轮廓，中间是空的，没有内容。这种并不是真正的"时尚"，最多也只是"复制"。跟随着别人的脚步去复制穿衣，却复制不到穿衣的精髓，只能是浅表性的东西；在复制的过程中，还会降低服饰本身的特性与品质，最终只能亦步亦趋。不懂行的人看着它，就是形似；懂行的人看它，不但能看到外形，同时能看到其中的文化内涵。

有一句关于时尚的经典名言："你必须以幽默的态度看待时尚，凌驾于时尚之上，相信它足以给生活留下印记，但同时又不要笃信，这样，你才能保持自己的自由。"

当下时尚潮流之所以变化得相当快，这得益于网络的普及和更多文化元素的影响，一些时尚的元素可能过了几天半个月就已不再新奇，但相关的设计理念、设计风格在观念上给了我们很多的影响，甚至成了经典而永存。

所谓时尚，就是当前流行的，而流行的事物总是快速变化的，但是个人的风格是相对固定的，不会过时。

时尚这种元素是随着时间和人们的喜好说变就变的，但是一个人的风格是由内而外散发出来的，是不为客观因素所改变的。

詹尼·范思哲曾说："不要随波逐流，不要被时尚束缚，你自己决定成为什么样的人、穿什么样的衣服、选择什么样生活方式。"马克·雅可布也说："对我来说，衣服是一种自我表达，穿什么暗示了你是个什么样的人。"

一位时装设计大师认为："一个没有找到自己风格的女人，感受不到衣服带给她的轻松自在，不能与它们融为一体，这种女人是病态的。"

可以这样说，无论你是处于弱冠之年的青春美少女还是头发斑白的优雅老妇人，只要能找到适合自己的穿衣风格，并充满自信地去完美演绎它，想要在任何年纪都光彩照人，彰显出自己独有的气质绝非难事。

第六章
着装色彩贵在当下的和谐美

活在当下，就要发现当下的美好。法国雕塑家罗丹说过："生活中并不缺少美，而是缺少发现美的眼睛。"生活中的我们，要善于发现当下美好的生活，那就是一道道风景。着装色彩及其搭配也是如此，最珍贵的就是搭配出当下，也就是此时此刻的和谐美。

古希腊哲学家赫拉克利特认为：最美的猴子，与人比起来也是丑的。这说明美是相对的。达·芬奇则认为，人在不同时间感触到的美是变化不定的。所以，美的标准无从界定。

尽管如此，大家对美的认识其实都差不多，外在干净利索，内在有气质修养，几乎每个人都希望自己能够这样。但是大家的生活群体并不统一，有高端的，有普通的大众，有企业家，也有普通白领，还有更多不同角色的人。而有关服饰着装包括色彩在内的观点，一言以蔽之，那就是活出当下的和谐美。

活在当下，就要发现当下的美好。法国雕塑家罗丹说过："生活中并不缺少美，而是缺少发现美的眼睛。"生活中的我们，要善于发现当下美好的生活，那就是一道道风景。着装色彩及其搭配也是如此，最珍贵的就是搭配出当下，也就是此时此刻的和谐美。

在如今讲求效率的社会，要了解一个人，可能会先从外表入手，所以懂得穿衣技巧，除了能增强外在美外，更可让人认识和了解自己。穿衣服切记：注意当下环境，不然本来很美的服装也会因环境不当而大打折扣，甚至会引起反感。可以说，没有最好，只有最合适。若能识破衣服的密码，配合不同的身份、环境，不论是在工作场合，还是日常社交，都能无往而不利。

1. 服装色彩与年龄的和谐

　　服饰色彩的运用，一定要根据自己的年龄，恰如其分地进行打扮，否则很容易弄巧成拙。意大利著名影星索菲娅·罗兰说过："中长裤、皮夹克、袒胸露背的无袖圆领衫，都是为姑娘设计的；穿在一个成年女人的身上，反而会在她本身与希望年轻而做的种种努力之间造成怪诞的效果。"这句话告诉我们，要正确处理服装色彩与年龄的关系。

　　不是所有的服装服饰搭配都适合同一个年龄。不同的年龄，从服装款式到色彩都有不同的要求。通常，年轻人可以穿得鲜亮、活泼、随意一些，中年人则要相对穿得庄重严谨些。年轻人穿着太老气，会显得未老先衰、没有朝气；老年人穿得太花哨，也会被认为老来俏。

　　随着生活水平的逐渐提高，人们的着装观念已经发生了许多变化，有一个明显的趋势就是：年轻人穿得素雅，中老年人穿得相对花哨；相信老年人是希望通过服装来掩盖岁月的痕迹，年轻人则是试图通过服饰来强化自己的成熟。可是，不管怎么说，服装打扮始终还是有年龄差异的。比如，老年人穿上少女的娃娃装，就会显得不妥。青春有独特的魅力，而中老年人自然也有年轻人无法企及的成熟美，服饰的选择只有与这种美相呼应，才能凸显服饰的神韵。

从孩童到花甲之年，人生经历了不同的年龄阶段。由于对色彩的感受力以及所受教育和人生经历的不同，不同年龄阶段的人喜欢和适合的服饰色彩也各不相同。

人们按年龄可分为幼童、青少年、中年和老年四个时期。幼童时期，思想单纯，喜欢鲜艳的色彩，如红、黄、绿等色彩，成衣色彩要活泼、娇嫩，但是，不能过分强调对比和过多的色彩，一般2~3种为宜，否则，会杂乱和刺激，影响儿童的审美思想。青少年时期，是从幼稚走向成熟的发展时期，是身心、世界观、个性得到充分发展的时期，人们喜欢表现自己个性的色彩，追逐流行的色彩。中年时期，是人生充分发展的时期，此时的人们经历丰富，事业有成，喜欢能表现自己气质和风度的色彩，喜欢有丰富内涵的色彩，如米色、咖啡色、深蓝色等。老年时期，人们身感人生不长，难忘易逝的青春，选色既庄重、素雅，又要花俏，如灰色、红色、深一些的色彩、艳一些的色彩等。

青少年时期，是长知识、接受新鲜事物最快的时期。此时青少年的好奇心最强，对新鲜事物最敏感。这一时期，往往是人一生中对流行时髦色彩态度最积极的时期。青少年的服饰色彩最能反映色彩的流行。

中年时期，人的知识比较丰富，性格也比较成熟，不大轻易改变自己多年形成的习惯和观点。因此，中年时期的服饰趋向端庄、典雅，色彩搭配多用同类色，且多保持自己喜爱的基本色。

老年时期，是人生的黄昏。由于不可抗拒的自然规律，老年人的体形、发色、皮肤都出现了衰老的迹象。为减轻生理衰老带来的暮气，国外老年人的服饰有时比青少年更花哨。我国老年人比较习惯庄重的打扮，但也不必用深灰、藏青、黑色等过分沉闷的色彩。高明度且呈现一定色彩倾向的暖灰色能使老年人显得年轻，有朝气。

以女性为例：少女的美在于清纯；青年女性的美在于俏丽；中年女性的美在于丰韵；老年妇女的美在于干练。在配色上，青少年的服色宜清晰、明朗、活泼；而中老年人服色宜淡雅、含蓄、稳重。

同样是黄色，如果用于童装，能使人感到赏心悦目；用作中年人的服色，往往会弄巧成拙。艳丽的色调是青春活力的象征，故青年人特别喜爱；深沉的色调是人们成熟干练的标志，故受到中老年人的青睐。

具体而言，年轻的女性着装没有什么限制，只是应尽量避免穿过于华丽的服装，如用闪光面料制作的或缀有过多装饰品的服装，因为这会使年轻女性失去清新、纯净的美，反而显得俗气。中老年女性的服饰虽然有一定的限制，但不等于中老年女性服装都是一些灰暗的颜色和普通的款式。

中老年女性的服饰，要体现出雍容、典雅、华丽、冷静的气度；色彩上，不能太纯，不能太活泼；可以选择亮度较暗的颜色，比如：暖色中的土红、砖红、驼色、红棕色，冷色中湖蓝、海蓝、墨绿等，还有一些高明度的色彩，如蛋青、银灰、米色、乳白色，淡雅明快，能表现出中老年人的特殊气质；即使是黑、白、灰三色，也能组成和谐的色调。

可见，穿衣打扮要看人穿衣，只有恰如其分地着装打扮，才会展现出不同年龄段各自的美，否则只会弄巧成拙。

2. 服装色彩与气质的和谐

衣服"没有不好看的颜色，只有不得体的搭配"。和谐的服饰色彩搭配总能体现强烈的美感，给人留下深刻的印象。合适的衣服可以突出我们的气质，增加我们的自信，可以给别人带来好的心情。与此同时，我们可以通过穿衣服来证明自己的个性。

如果身材很苗条，则更适合穿淡色的衣服，反映出光的愉悦感、膨胀感，能产生丰富的视觉效果。如果肤色有点淡黄，那么小花卉图案或格子图案是一种不错的选择，而不是穿着黄色、奶油色、米色、紫色、铁灰色、蓝色的衣服，这样穿不会让你的皮肤看起来更黄。

比如，远远走过来一个陌生女人，虽然看不清她的模样，是标致动人，或是相貌平平，但她所穿的衣服呈现出来的色彩却能一下子吸引你的眼球——红色的火辣热情，黑色的经典神秘，白色的纯洁清新⋯⋯这些都是人们穿衣哲学的首要条件。色彩背后反映深层的文化韵味。

每种颜色都有自己的独特底蕴，从衣着色彩上也能看出这个人的品位和性情，比如：经常穿黑色衣服的人，一般都是沉稳扎实；喜欢黑白双色经典搭配的女人，通常都更干练一些；喜欢随意穿着纯色系背心或吊带的女性，往往不喜欢被约束，喜欢洒脱和自然；甜美可爱的女孩，一般都喜欢雅致的小碎花系列，喜欢不太张扬的碎花雪纺裙，搭配上白皙的肌肤和粉嫩的嘴唇，更是充满了雅致的浪漫；当然有些人还喜欢夸张的大面积亮色调，走的是波普路线，这些人一般都喜欢张扬个性与叛逆。北京都市女郎穿着的大衣一般都不会首选粉嘟嘟的嫩颜色，多数都会选择黑色或灰色，而且制版剪裁崇尚简约别致，看似低调，其实走的是一条气质路线。

服装色彩搭配上有几个重要的原则，是女性朋友们在穿着时一定要注意的。

首先，上身和下身的服装基本色调最好不超过三种颜色，这样给人的感觉便是素雅干净，而不是眼花缭乱。当然，时下的混搭潮流力图打破这一穿衣规范，崇尚个性主义，但很挑人的混搭风格配上眼花缭乱的色彩服饰，注定不会成为气质女人的首选。

其次，通体衣服的颜色，还有一个主导色调。这种主打色调与本人整体给人的感觉和其他饰品搭配相呼应，比如：喜欢穿素雅纯色服饰的人，头饰搭配一般不会太突兀，如果是灰色针织衫配蓬蓬裙，就不会戴摇滚派系的红色大耳环，而是配上优雅低调的银色饰品。

再次，服装色系搭配一定要考虑到个人的肤色。当然，皮肤白皙的女性是最不用担心服装色系问题的，基本穿什么颜色都好看。但中国人的皮肤一般都偏暗黄，不适合穿咖啡色、褐色、深灰色、绿色、橘色等衣服，否则只会让脸部显得更加暗淡无光，平时可以穿粉红、玫红、桃红、冰紫等偏红色系的服装。当然，粉蓝色、米白色这两种颜色也可以调整脸部的暗淡，让肤色显得明亮且有光彩。素雅的颜色可以让皮肤偏黑的女性重拾信心，但不能让通身看起来很花，需要注重协调，尽量穿亮色，比如：上身穿白色衬衫，下身穿黑色蛋糕裙或荷叶边超短裙，就显得清纯亮丽。

最后，在服装色彩上，要考虑到季节因素。一般来说，春夏服装比较鲜艳，尤其是夏季；秋冬的衣服往往都是能够表现出沉稳的冷色系，大气而不张扬，比如，大衣的颜色几乎不会出现明黄、玫红或湖蓝，多数都是大红、正黑和灰色，这些颜色有利于修饰臃肿的体形；冬季的气质搭配可以一改沉闷的深色系而用亮色系的，比如，粉红、西瓜红、杏黄和墨水蓝的大衣就很抢眼。在萧条的秋冬，穿出亮色，也穿出动感。喜欢不拘一格的女性大可以尝试一下。

我们知道，那些气质出众的模特们都不会随意地把自己弄成一个花仙子的样子，而是穿得精致素雅。她们衣着的颜色也主要以那种经典色为主，比如白色、米色、银色、黑色、中性色的灰色等。有气质、穿着讲究的女人不会胡乱地以为色彩越多越好，让自己成为别人眼中的花架或色彩拼接布料。能选对色彩穿对衣，这彰显的是一个女人独特的气质与品位。

3. 服装色彩与季节的和谐

服装的色彩不单单可以给我们带来美的享受，而且在一定程度上能体现出一个人的气质和神韵。而绚丽斑斓的颜色又来源于大自然春、夏、秋、冬四季，也就是说，服装的色彩应该与季节保持和谐才是。

所以，我们必须了解色彩在着装中的搭配技巧，掌握季节对服装色彩搭配设计的影响因素，才能够更好地在服装搭配上赢得和谐。

红、黄、橙及相近的色彩为暖色，给人以热的感觉；青、蓝色是冷色，给人以寒冷的感觉；绿、紫色是中间色。冬选暖色，夏选冷色，这是选择服装色彩的原则。服装的色彩要用得和谐，服装才会显得大方端庄。

选择服装色彩的小窍门：一是以一种色彩作主色调，搭配深浅不同的接近颜色。二是在一种主色调的基础上，加上少许对比色调，给人以淡雅大方的感觉。而采用对比强烈颜色的服装，是舞台服装，并不适合日常穿着。

具体到一年四季，服装色彩也有讲究。

（1）春天以明快的色彩为主

春季大自然的颜色逐渐柔和，艳丽明快的色彩更能让人眼前一亮。春季的主色调是绿色和黄色，黄色属于暖色调，黄色与黑色搭配是最亮的颜色搭配组合。绿色是中性色，黄绿色偏暖与偏藕荷色相搭配，给人以暖洋洋的春天气息；蓝绿色偏冷，着装会给人以成熟感。

明度提高的浅蓝绿色与姜黄色相搭配，服装是时尚的。明度较低的墨绿色显得成熟干练，是被人们广泛采用的着装颜色。

（2）夏天多以素色为基调

夏天天气比较炎热，着装的色彩也应该多以宁静的冷色调和能够反光的浅颜色为主。比如，常见的天蓝色、白色等。蓝色通常能够给人以凉爽舒心的感觉。

蓝色是易与其他颜色进行搭配的一种颜色，不管是接近于黑色的墨蓝色还是明快的天蓝色，都比较容易与其他颜色进行搭配。而白色常常给人轻快的印象，白色可以搭配任何颜色，与纯度高的颜色搭配能体现年轻活力。

（3）秋天以浓郁的色彩为主

秋季是成熟收获的季节，在选用着装色彩时应该稍微浓郁一些，例如，橙色、金色等颜色。橙色多象征积极、充实；金色象征高贵、奢华。

在服装色彩搭配时，橙色常常会与褐色、黑色进行搭配。橙色与黑色、白色相混合时很快就会失去其本身的性格，而变得安定温和。金色闪烁迷离，具有特殊的装饰效果。金色是名副其实的高贵、奢华的颜色，具有极强的装饰意味。

（4）冬天一般以偏中性的色彩多见

冬季天气寒冷，偏中性一些的颜色会在着装中较为多见，比如，紫色、深灰色等颜色。紫色常给人以高贵优雅的印象。

偏明亮的紫色使人联想到高雅温柔，属于安定宁静的色彩。在色彩搭配中，紫红色或蓝紫色可搭配冷暖变化的蓝色与群青等色。灰色是一种偏中性的颜色，极具稳重的效果，会令人联想到高雅、平静，能够与任何颜色搭配。

因为四季更迭，我们找到了穿衣搭配的规律，只要学会且运用规律，就会出现不同的结果，掌握这个规律，不但可以对自己的穿衣有清醒的认识，还可以与别人有所差别，能保持自己的个性。

4. 服装色彩与环境气氛的和谐

　　不同的场合有不同的服饰要求，只有穿着与环境气氛相协调的服装，才能产生和谐的效果，达到美的目的。如果不看时令时间、地点场合，只按照自己的兴趣爱好打扮，就不可能与环境相和谐。

　　在参加野外活动或体育比赛时，服装的颜色应鲜艳一点，能给人以热烈、振奋的美感；参加正规会议或业务谈判时，服装的颜色则以庄重、素雅的色调为佳，可显得精明能干而又不失稳重矜持，与周围工作环境和气氛相适应；居家休闲时，服装的颜色可以轻松活泼一些，式样可以宽大随意些，可以增加家庭的温馨感；亲友聚会，要穿着新颖别致、色彩明快的衣裳；参加社交活动，要选择庄重典雅的服装；外出旅游，应穿方便舒适的旅游服装；从事生产劳动时，应穿工作服或制服，如果穿上了节日盛装、礼服，看起来就不协调了。由于时间、季节不同，地区、场合、环境不同，穿着的种类、款式、花色亦应不同，必须和谐。

　　此外，服装是为人提供服务的。人离不开生活环境，同样服装色彩也离不开环境色彩的影响。在不同的领域、不同的环境下，呈现出来的环境色调——绿调、蓝调、红调等，不仅决定了服装的基本色调，还制约着服装色彩的选择。

服装色彩与环境的协调，是服装色彩审美与实用功能的要求。在服装选择上，让服装色彩和环境色彩达到协调的方法有很多，但搭配重点主要体现在以下两个方面。

一是对立。所谓对立，是指色彩的色相、明度、纯度差，冷暖、轻重、强弱、雅艳、浓淡等变化。在环境色彩和服装色彩的搭配中，对比无处不在。但在一定的条件下，必须选择对立的色彩搭配，对比越强，主体越突出，效果越好。例如，在大型晚会中，为了突出主角或主要演员，就要采用和环境对比强烈的色彩作为服装的主体颜色。

二是统一。所谓统一，是指各种色彩的整体色调要保持一致，色彩的统一、相似，有内在的联系，能使色彩表现为一种宁静的安定状态。在一些服装设计中，服装色彩与环境色的统一，不仅不会破坏整个环境的气氛，还能使着装者融入整体环境中，保持了原有环境的色调和氛围。

在服装色彩与环境色彩的搭配中，对立统一是必然存在的，是色彩搭配中协调的根源，也是搭配的重点。没有对立就没有力量，也没有生命力，画面就会显得平淡乏味。但是，不求统一而一味地强调对立、制造矛盾，也会引起烦躁、恐惧和杂乱等局面。所以，只有在对立、统一规律的支配下，根据不同的环境色选择不同的色彩搭配方法，整个画面才能协调，才能创造出生机勃勃的、充满生命力的画面，才能打造出一个和谐安定的局面。

5.贵在穿出服装色彩的能量

看似简单的颜色，实则藏着大学问，在它们抽象又娇小的身体里蕴藏着极其强大的力量。它们可以影响你的心情，影响你的食欲，甚至影响你留给别人的印象。所以，如果一个人穿衣穿对了就能给一个人加分，穿错了就会有损毁一个人的形象，间接影响到一个人的事业、运气。

（1）刺激的红色

红色可以激活你的主动欲求。很多人都将愿望深埋心中，却没有行动力，如果主动选择红色，也就意味着开始向目标迈进了。如果正在创业、希望在团体中被重视、掌握权势、追求名利，多数人也会主动选择红色，因为红色的心理能量在支配你。因此，红色适合位高权重者、鼓励自己的创业者、吸引注意力的讲师、希望喜事降临者。

红色的典型色名：中国红、砖红、覆盆子红、西瓜红、明红、酒红。

（2）热情的橙色

橙色太热情，热情的几乎没有一点保留。喜欢橙色的人，同样也拥有类似的性格。他们属于乐天派，整天嘻嘻哈哈，跟周围人的关系比较好，容易打成一片，性格外向。橙色能够带给我们需要的乐观与热情，比较适合增加关注度的幕后工作者、渴望健壮身体的人；还适合刺激消费者食欲的食品促销、更有效率的工作、治疗抑郁症等。

橙色的典型色名：南瓜色、金橘、橙红、鸡蛋色。

（3）交际花般的黄色

黄色是外向和善于交际的信号。穿上黄色，最容易获得新朋友的喜欢，成为聚会的焦点，获得他人的认同，使自己成为备受欢迎的人。黄色适合清爽无负担的运动休闲者、容易和孩子相处的亲子关系、希望打开话匣子增进彼此交往者、改善自我增加自信者。

黄色的典型色名：柠檬黄、水仙花色、迎春花黄、冰黄、芥末黄、金黄。

（4）希望的绿色

绿色不傲慢，能够带来平衡，摆脱偏执。如果把自己笼罩在绿色之下，就像回到传说中的桃花源中。绿色适合不想出风头者、思想疲惫者、令人感到温暖的关怀者，绿色还能起到镇静的医疗作用。

绿色的典型色名：浅黄绿、青萄色、橄榄绿、正绿色、翡翠绿。

（5）安静的蓝色

深暗的蓝代表理性，中度的蓝代表平和，淡色的蓝能够呈现出梦幻纯真的味道。女性穿上蓝色，会让小孩子安静地学习，也会让自己充满知性的魅力；如果躺在蓝色的床被上，会很快进入甜蜜的梦境。

需要注意的是，深暗的蓝色拥有抑郁的表情，如果情绪非常低落，最好不要穿深蓝色的衣服。蓝色适合想要减肥的人、代表理智与权威的高级管理者、能赢得信赖的讲师、可以让孩子安静的亲子教育家、浪漫主义者。

蓝色的典型色名：柔春蓝天蓝、钻蓝、孔雀蓝、粉蓝、岸蓝色、暗蓝色。

（6）高贵又自我的紫色

紫色是两级（红与蓝）的融合，糅合了自爱与敏感的复杂性格。穿上紫色的衣服，会唤醒独特的自我意识。紫色，能够表现出内心深处的某种隐秘情感，在不融入中释放灵性。喜欢紫色的人，一般都不想与他人雷同，拒绝平凡。紫色也是魅力的代名词，适合艺术工作者、约会者、从事女性用品行业人员、从事奢侈品行业人员。

紫色的典型色名：薰衣草紫、丁香色、紫罗兰色、茄子紫、深紫、葡萄色。

（7）永远的黑色

黑色，可以神奇地使你瞬间变得精致又美丽。在时尚界，黑色是永不过时的颜色，代表着性感、优雅、摩登、零风险。但在生病或休息不好、意志消沉的时候，穿件黑色衣衫，只能带来负能量。甚至毫不夸张地说，不管发生什么问题，都不要穿黑色。黑色适合低调而专业的创意与设计工作、高级职业人士、那些参加晚会、模特身材的人。

黑色的典型色名：黑色、天鹅绒黑、烟黑。

（8）清新的白色

白色，代表着干干净净，会让人感受到古典与智慧、清爽与性感混合的气息。白色会反射所有来自太阳的光，既抢眼，又有拒绝的味道；既能引起关注，又不太媚俗。此外，白色能够反射所有的色光，对人体有净化和排污的作用，再加上其与传统医药的紧密联系，容易给人们留下一种

科学品质的印象。白色比较适合星期一的职场、商务谈判、公共人物、未婚者。

白色的典型色名：象牙白、牛奶白、米白、纯白、珍珠色。

（9）有保护意味的灰色

简单的无彩色，无秩序地混沌了所有的情绪，反而显得更有型。任何颜色与它的相撞，都能立刻幻化出全新的感觉。灰色，是最百搭颜色，能够表现出与世无争的格调与境界。在某种程度上，灰色也带有自我保护的意味，适合求职者、洽谈生意者，也适合所谓的都市形象。

灰色的典型色名：银灰、浅暖灰、鸽灰、锡铁灰、冰色、褐灰、珍珠灰。

（10）亲和的棕色

棕色混合了泥土和秋天的气息，营造了古朴、安详、放松的意境。但棕色也会给人留下懒散的印象，如果高层管理者穿棕色调服装，无形中就会削弱亲和感和权威感。对于要在职场中晋升的人，如果选择穿棕色调服装，就会有被埋没的风险。棕色适合自由职业者、参加餐桌会议者。

棕色的典型色名：可可色、咖啡色、褐色、灰褐色、驼色、巧克力色。

（11）被爱的粉色

粉色体现居家、柔弱的情感，使女性很容易赢得男人的爱护。虽然粉色的定位不是最流行、最个性的，却是女性获得异性倾慕的密码。粉色可以舒缓由荷尔蒙流失带来的坏心情和急躁性格，甚至可以带来青春的情怀；代表了根植于女性内心被爱、被呵护的本能，如果想得到异性的谅解、从事女性化服务行业、进行秘密约会，都可以选这种颜色。

粉色的典型色名：粉嫩红、桃粉、水粉、鲜肉粉、粉哔叽。

此外，不同的色彩还会招来不同的好人缘。

（1）上司最喜欢的颜色——白色

白色，是一种无彩色，是纯粹、纯真的代表。代表着清爽、干练，如果手底下有这样一帮精明能干的员工，上司定然是欢喜的。如果这些姑娘都纯粹简单，值得信任，那就更省心了。

（2）客户最喜欢的颜色——红色

红色，代表着热情奔放、精力充沛，有着无与伦比的感染力。穿着红色的着装去提案或去推销某种商品，成交的概率会提高很多。因为从你的着装中，客户能够提取到坚定、自信、专业和激情等讯息。

（3）同事最喜欢的颜色——橙色

橙色，集结了红色的热情和黄色的开朗，给人以爽朗活泼的第一印象，是职场中最具亲和力的色彩。

（4）异性最喜欢的颜色——粉色

轻柔粉嫩的粉红色，是最招桃花的颜色，可以将女性的柔美可人衬托得更加浓郁。

其实，着装中极大的秘诀之一就是人可以驾驭任何颜色。例如，红配绿、粉配黄、蓝配紫，任何你能想得出来的颜色，经过一个有经验之人的手，都可以非常唯美地把它们搭配在身上。搭配颜色最大的诀窍莫过于让这些颜色与颜色之间产生相关性，让它们之间能产生"你中有我，我中有你，携手共进"的效果。颜色搭配的核心是主题明确，颜色集中。否则，再好看的服饰，胡乱地堆砌在一起，也不可能有任何美感。

常见的使服饰颜色集中的几种搭配方法：

（1）系列法

全身上下的颜色都在一个色系内变化，如浅灰的条纹上衣、深灰的裤子、黑鞋搭配黑色的包、黑色的伞及配件等。

（2）囊括法

上下着装可以是任意两种不同的颜色，搭一件有花色的丝巾或有图案的衬衣，或能露出肩带的内衣，或一件饰品；图案的颜色既要包括上衣的颜色，又要包括下装的颜色；如果鞋是另一个颜色，有图案的服饰最好能囊括鞋的颜色。

（3）点缀法

全身上下穿一种颜色时，为了避免服饰颜色的单调乏味，可以用一件颜色极为鲜艳的服饰来点缀，比如：丝巾、披肩、包等。如此，原本单调的上下衣就会立即变得生动。

（4）镶边法

让所有的服饰，如鞋、包、皮带、围巾、首饰为一种颜色，而主服（上下衣）为另外一种颜色，就会形成一个镜框效应，里面的主服就是一幅最漂亮的画。

（5）明暗法

如果浑身上下都是深色，整个装束会显得太沉闷。因此，男性在穿上深色套装后，里面都要记得搭配一件浅色的衬衫。

第七章
不同场合不同的服色搭配

　　颜色是通过眼、脑和我们的生活经验所产生的一种对光的视觉效应，不同的颜色会让人产生不同的遐想。那么，在不同的场合，也应该讲究不同的服饰色彩及其搭配。也就是，着装应当适应不同的场合，而不是以不变应万变。

有人认为，只要是衣服，什么场合都可以穿。这显然是不对的。我们知道，颜色是通过眼、脑和我们的生活经验所产生的一种对光的视觉效应，不同的颜色会让人产生不同的遐想。那么，在不同的场合，也应该讲究不同的服饰色彩及其搭配。也就是，着装应当适应不同的场合，而不是以不变应万变。

　　不可否认，我们为了体现自己的身份、教养与品位，在不同的场合会选择不同的服装。如果马虎着装，轻则会让你失礼，重则会丑态百出。通常，人们所涉及的场合大致可以概括为三种：公务场合、社交场合、休闲场合。

　　公务场合着装的基本要求为注重保守，宜穿套装、套裙，以及制服。除此之外还可以考虑选择长裤、长裙和长袖衬衫。不过不宜穿时装、便装。必须注意：在非常重要的场合，短袖衬衫不适合作为正装来选择。

　　社交场合着装的基本要求为时尚个性，宜穿着礼服、时装、民族服装。必须强调：在这种社交场合一般不适合选择过分庄重保守的服装，比如，穿着制服去参加舞会、宴会、音乐会往往和周边环境不大协调。

　　休闲场合着装的基本要求为舒适自然，适合选择的服装有：运动装、牛仔装、沙滩装以及各种非正式的便装，比如，T恤、短裤、凉鞋、拖鞋等。在休闲场合，如果身穿套装、套裙，会贻笑大方。

1. 职场着装的色彩搭配

职场着装是非常重要的，衣着在某种意义上表明了你对工作、对生活的态度。衣着对外表影响非常大，大多数人对另一个人的认识，可以说就是从其衣着开始的。衣着本身就是一种表征，反映出你个人的气质、性格甚至内心世界。

（1）男士职场着装原则

三色原则：男士身上的色系不能超过三种，但接近的色彩可以看作一种。

有领原则：正装必须是有领的，无领的服装，比如，T恤、运动衫等不能成为正装。在这里，男士正装中的领通常体现为有领衬衫。

纽扣原则：在大部分情况下，正装是纽扣式的服装，拉链服装不能称为正装，某些比较庄重的夹克也不是正装。

（2）女士职场着装原则

最基本的要求，女士职场着装必须符合自己的个性、体态特征、职位、企业文化、办公环境及志趣等。

女性的穿着打扮应该灵活有弹性，要学会怎样搭配衣服、鞋子、发型、首饰、妆容，使之完美和谐。而最终你被别人称赞，应该是夸你漂亮而不是说你的衣服好看或鞋子漂亮，那只是东西好看，而不是穿着好。

职业套装会更显权威，可以选择一些质地好的套装，然后以套装为底色来选择衬衣、毛线衫、鞋子、袜子、围巾、腰带和首饰等。

每个人的肤色、发色、格调是不同的，适合自己的颜色也就不同，首先要选择一些适合自己颜色的套装，最后再以套装色为底色配选其他小的装饰品。

穿衣的颜色，一般要选择稳重有权威的颜色，包括：海军蓝、灰色、炭黑、淡蓝、黑色、栗色、锈色、棕色、驼色；不要使用浅黄、粉红、浅格绿或橘红色。

至于衬衣，浅色衬衣仍旧有权威性，脖子长的女性不适合穿 V 字形领的衬衣，适合买一两件带花边的衬衣，体形较胖的女性最好穿一身颜色一样的服饰。

上身：修身剪裁的西装外套是经典的办公室单品，干练硬朗的形象还需要增加一点女性的柔美，利落的西装内搭配简洁的衬衫或收身 T 恤，把原本埋没在外套下的娇媚曲线重新勾勒出来。

下身：可以是裤装，也可以是裙装，最值得推荐的是裤装。年轻女孩的身材比例优势异常明显，选择裤装不仅可以拉伸下半身比例，也能为干练利落的职场形象加分。

鞋子：鞋子的颜色必须与整体装扮的颜色相配，总原则是：鞋子的颜色必须深于衣服的颜色；职场中要穿深色系的鞋子，不能穿拖鞋和雨靴。

色彩：新人着装应尽量以白、黑、褐、蓝、灰等基本色为主，适当搭配明艳色系的配饰，既可避免色彩单调而带来的沉闷感，又会给人留下充满亲和力和感染力的印象。

饰品：严禁佩戴夸张的饰品，同时也不能佩戴墨镜和帽子进入职场，冬季也不要戴手套和围巾工作。

对于普通白领，有六大颜色几乎男女老少皆宜。

（1）黑色

黑色是职场上最常见的着装颜色，会给人以严肃、认真的印象。所以正装的颜色，尤其是外套和皮鞋，一般都是黑色的。

有很多男生选择黑色的 Polo（马球）运动衫，看起来干爽沉稳，到了春秋季，男女生可以选择一款适合自己的黑色修身小西装和西裤，女生也可以选择一套裙装。

（2）白色

白色和黑色一样，是职装的常见色，给人以整洁、干练的感觉。同时，白衬衫也是人们参加面试、会议的首选。

但纯白色衬衫会过于正统，所以，日常工作中，女生不妨选择带有一点彩色图案或细条纹的白色衬衫，男生不妨选择一些带暗纹或者格子的衬衫。

（3）灰色

灰色也是适用于各类人士的着装颜色，T恤、外套、裤子、鞋子，只要是适合自己身形的，都可以选择一两款灰色系备用。

要懂得合理搭配，尤其是运用好灰色元素。例如，一条灰色有质地的围巾、一顶灰色的羊毛帽子，黑白灰也是可以穿出淑女气质 OL 风的。

（4）卡其色

着重推崇浅卡其色的下身装，看上去时尚、有范又干练。无论是男女生的裤子，还是女生的裙装，一年四季都可以穿。

浅卡其色下装还有一个很大的优势，就是它不怎么挑衣服的颜色，只要风格相似就基本 OK。无论是黑、白、蓝、灰、粉、橘……你的衣柜里一定能找到一件合适的衣服去搭配。

（5）粉色

粉色其实是有让人安静平和功能的颜色。但那种亮粉色肯定没几个人能 hold 住。可你要知道还有两种粉叫裸粉色和淡粉色，这是非常适合办公室白领的颜色，尤其适合对自己肤色不自信又喜欢粉色的人。

（6）蓝色

浅浅的天蓝色衬衫给人一种淑女范。浓郁的宝石蓝又增添了一种冷峻、成熟的魅力，只有真正熟女气质的女生才能驾驭。如果觉得纯蓝色有些单调，可以选择蓝白条纹的衬衫或者 T 恤加以搭配。

2. 晚会宴会着装的色彩搭配

在各种晚会宴会的社交活动中，服装的色彩始终扮演着非常微妙的角色，如何选择适当的色彩来装扮自己，已成为现代社交生活中不可忽略的问题。

平常的聚会，应该以高雅的装扮为宜，若能根据约会对象、聚会性质、谈话内容等选择合适的色彩，会对聚会的气氛有很大的帮助。

我们知道受邀参加宴会、舞会是女性最感兴奋的事，但在出发前，最好先弄清楚宴会的性质和其他相关事宜，根据实际情况进行适度的装扮，以免闹笑话。

出席宴会、舞会最看重会场气氛，因此在选择服装色彩时，首先应注意背景。例如，穿红色礼服走在红色地毯上时就会显得毫不起眼。

饰品的搭配，也要格外细心。要学会在服装的重点部位添加闪烁耀眼的饰品，比如：在领口、袖口、胸前、下摆等处缀上闪亮的珠片，也可以戴上金、银、宝石等发饰或首饰，增强效果。

如果从办公室直接去赴约，就无法穿太长或太豪华的正式礼服，那么可以穿着下摆有蕾丝边的裙子或整套式的服装，以高贵优雅的形象赴约。搭配合适的发饰、项链、耳环、手镯等配件，同样也能达到出色的效果。

粉红色调与淡紫色调是情人约会最适合表达爱意的色彩，不仅可以传达罗曼蒂克气氛，还能彰显出女人的温柔、楚楚可人的气质。但在与普通朋友约会时，不能任意采用，以免产生误解，造成朋友的困扰。

此外，如果是特例，如参加家长会，就要考虑严肃的举办意义，要以整齐、大方的形象出席，可以选择不太刺眼的色彩和样式。

通常，我们把参加晚会、夜店、宴会活动的服装，叫作社交服或"派对装"。社交服分下午装、傍晚鸡尾酒派对装、晚餐正装或晚礼服、夜店装扮。以派对装为例，派对装的搭配，随着时间场合的变化而变化，其特点是露胸、背、臂，时间越晚，上身露出的部分越多。

在变化的过程中，也存在一个"尺度"的把握问题。在晚间较为隆重的正式场合，女性最好穿晚礼服。因为晚礼服强调艳丽、华美、光彩夺目和与众不同，可以用简练的造型展示出女性的天生丽质，也可以用繁复的结构刻画仪态万千。无论是哪种形态，都带有夸张的格调，而显露胸、背、臂是晚礼服独特风格的体现手段之一。

在正规的宴会场合，女性要穿着典雅、华丽的服装；男子要以无尾晚礼服为主，颜色以素色为主，领带可稍艳丽些，这样搭配不但显得风雅，还少了威严感。当然，在正规的宴会场合中，夫妇的服装应和谐、相配、互相辉映。

参加随意又具有特色的则非生活派对莫属了，服装可以相对随意些。为了营造一个轻松、舒适的环境，女性可以标新立异夺目些，男性则可轻松大度随意些。

　　如果去夜店和酒吧，女性可以穿质地高档的袒胸露臂式、稍稍有些透明的裙装；男士则可着衬衣系领带。在夜总会上，不必过于拘谨，因为这是一种娱乐性的场合。只不过，这类服装不宜白天穿着上班，走在路上要披披肩。

　　走亲访友时的服装，应尽量正规些，也可以保守些。面料以挺括有悬垂感的毛料、丝绒、绸缎为主，颜色应淡雅些，款式上没什么规定。但拜访长者或比较尊敬的朋友，尽量不要袒胸露臂，以免给人留下不礼貌的印象，可以穿西装、套裙、连衣裙等，显得稍微正式一些。

3.居家着装的色彩搭配

当我们在外忙碌了一天，回到家中，第一件该做的事就是换一套轻松、舒适的衣服。一般人回到家里，随便找件衣服套到身上就 OK 了，根本不去在意衣服的款式、颜色，更不用说美丽健康了。其实，换一套漂亮、舒适、大方的家居服不但能让你屋里屋外都美丽，也最能体现人与服装的和谐之美，让人轻松愉悦。很多幸福美满的家庭都懂得营造一种家居文化和爱的氛围，同样地，作为在家中生活的人，在服饰上也要能够配合或增添这种文化和氛围。

所谓家居服，是指在家中休息或操持家务会客等穿着的服装。或者说，家居服是与家有关，能体现家文化的一切服饰产品。其特点是面料舒适，款式繁多，穿起来行动方便。随着生活水平的不断提高，人们现在慢慢把目光聚焦在如何更好地享受生活上，家居服体现的就是一种讲究的生活态度。家居服的本身属性，介于正装和内衣之间。

家居服是由睡衣演变而来的，却是青出于蓝而胜于蓝。现在的家居服早已摆脱了纯粹睡衣的概念，涵盖的范围更广。从 16 世纪欧洲人穿上睡袍以来，睡衣随着时代的变化也在不停地改变着自己的形象。到了 20 世纪，社会气氛变得宽松和活跃起来，卧室着装也向着新的款式发展，发生了根本性的变化。

家居服概念是西方舶来品。在未开放的年代里，人们几乎没有专门睡衣、家居服的概念，通常在家里穿洗旧了的过时衣服、汗衫是最正常不过的了。伴随着改革开放的脚步，20 世纪 80 年代初，国内出现了专业的内衣睡衣企业，带来了专业的女性内衣和睡衣产品概念，随后商场上、市场上开辟了专门的内衣区、睡衣区，各式各样独立的睡衣服装才被人们所认同接受。在短短的 40 多年间，中国的经济发生了巨大变化，人们的消费能力也大大提升，生活状态和穿着意识也有了质的飞跃。家居服已深入到各城乡居民的家庭中，形成一个庞大的产业，市场细分越来越专业，款式也越来越趋于国际化。

与传统睡衣、内衣不同，家居服更多的是一个概念型产品，是一种生活方式的载体，是一种温馨、时尚、轻松、舒适加文化的象征，承载着人们对高品质家居生活的追求。不但包括传统的、穿着于卧室的睡衣和浴袍、性感吊带裙，也有"入得厨房"的工作装，还包括"出得厅堂"体面会客的家居装，以及可以出户到小区散步的休闲装等。

20 世纪 90 年代初，随着韩剧的引进，"哈韩"文化在中国开始萌芽，这也是哈韩文化的最初形式。韩剧的情节表现与主流底色迎合了我国观众唯美的审美情趣，细节化地展示了韩国文化底蕴的情节，让我们从中看到了传统中国文化的点滴，比如：孝顺、尊老、重仁厚、倡礼仪等，让大家在共鸣中找到一种归宿感。韩剧征服了大批的观众，产生了众多的"韩迷"。在这样的文化背景下，催生了"哈韩"文化的衍生品，而服装首当其冲。其中，温情细腻的家居服文化被"韩迷"所追捧，开始进入服装细节"哈韩"时代。随着韩剧的热播，串联其中的韩式家居服文化也日趋成熟，逐渐开始演变为"韩迷"标榜的时尚风潮，成为品位格调的内在象征，韩剧的催化作用也由此延伸，引发了商业上的多米诺骨牌效应。

清早起来，不要更衣，就能走到厨房烹煮早餐，或走到住所附近的便利店购买所需物品。在名贵家居服方面，家居衣裤的设计既美观又实用，穿着这些衣服在家阅报、观看录影带、做安详放松的瑜伽以及接待来访的客人或好友，一点儿也不失礼。

健康、舒适、简单、温馨，都是当代家居服设计的主线。当今内衣制品变得越来越柔软，更多地使用超薄超软的面料和多层处理更软更新的手感面料，使家居服变得更丰富、更细致。同时，时尚的影响已无处不在，家居服也会像时装一样，呈现出更时尚、更美丽的面貌。

4. 逛街着装的色彩搭配

在外出逛街、郊游的时候，也要根据具体的地点、性质来装扮自己。

郊游是舒缓身心的最好活动，团体郊游时，可以以明朗活泼的色调装扮。鲜艳的色彩、高明度色系，都是愉快心情与气氛的最佳催化剂；沉闷的暗色调服装，会给人以放不开的感觉，而玩得不痛快，是郊游的禁忌。

外出拜访朋友，可以根据访问的对象与季节，穿上符合时令的服装，给朋友以清爽、亲切之感。比如：春天，明亮、鲜艳，富有春天气息的色彩就比较合适；夏天，以凉爽、清澈的色调装扮为佳；秋天，适合明朗、诗意的枫叶色；冬天，可以穿红、白、绿等色调。

具体说来，逛街着装应留意以下一些色彩搭配技巧。

技巧一：明白主色、辅助色、点缀色的占比。

主色占据全身色彩面积最多，占比在 60% 以上，通常是作为套装、风衣、大衣、裤子、裙子等形式出现。

辅助色是与主色搭配的颜色，占比在 40% 左右，通常是单件的上衣、外套、衬衫、背心等。

点缀色占比为 5%~15%，通常是丝巾、鞋、包、饰品等，可以起到画龙点睛的作用。点缀色的运用是日本、韩国、法国女人最擅长的展现技巧。据统计，世界各国女性的点缀色技巧中，日本女人使用最多的饰品是丝巾，她们可以将丝巾与服装做成不同的风格搭配，让人们情不自禁地注意她们的脸；法国女人最多的饰品是胸针，可以利用胸针展示女人的浪漫情怀。

技巧二：自然色系搭配法。

暖色系除了黄色、橙色、橘红色外，所有以黄色为底色的颜色都是暖色系。暖色系一般会给人华丽、成熟、朝气蓬勃的印象，而适合与这些暖色基调的有彩色相搭配的无彩色系，除了白色、黑色，最好使用驼色、棕色、咖啡色。

以蓝色为底的七彩色都是冷色。与冷色基调搭配和谐的无彩色，最好选用黑色、灰色、彩色，要避免与驼色、咖啡色系搭配。

技巧三：有层次的渐变搭配。

方法 1，只选用一种颜色、利用不同的明暗搭配，给人和谐、有层次的韵律感。

方法 2，不同颜色、相同色调的搭配，同样会给人和谐的美感。

技巧四：主要色配色，轻松化解搭配的困扰。

单色的服装搭配起来并不难，只要找到能与之搭配的和谐色彩即可。但有花样的衣服，往往是着装的难点，不过只要掌握以下几点也会变得很容易。

方法 1，无彩色，黑、白、灰是永恒的搭配色，无论多么复杂的色彩组合，它们都能融入其中。

方法 2，选择搭配的单品时，在已有的色彩组合中，用任一颜色作为与之相搭配的服装色，会给人一种整体、和谐的印象。

方法 3，同样一件花色单品，选择花色单品中的不同色彩组合的搭配，不但显得协调、美丽，还可以让人心情和感受产生变化。

技巧五：运用小件配饰品，打破沉闷的局面。

如果你是一个上班族，衣柜里的衣服色彩并不丰富，但只要稍加点缀就可以让这些颜色并不丰富的服装每日推陈出新。

技巧六：上呼下应的色彩搭配。

这种方法也称为"三明治搭配法"或"汉堡搭配法"。总之，当你不知道该如何搭配的时候，还有以下两个规则可以用一下。

一是全身色彩以三种颜色为宜。当你并不十分了解自己风格的时候，不超过三种颜色的穿着，绝对不会让你出位。一般整体颜色越少，越能体现优雅的气质，并给人利落、清晰的印象。

二是了解色彩搭配的面积比例。全身服饰色彩的搭配要避免出现 1：1，尤其是穿着的对比色，一般以 3：2 或 5：3 的比例为宜。

5.外出旅行的色彩搭配

　　在繁忙的工作结束后，旅游是大多数人会选择的放松方式之一。一次难忘的旅行，究竟穿什么款式的衣服才合适呢？旅行途中什么样的穿搭才能让你舒适又兼顾漂亮，在镜头前留下最美的一面呢？

　　我们认为，可以根据当地的风土人情来选择服装。不同地方的服装样式是有所差别的，准备一些适合当地风俗习惯的衣服，这样看起来就不会显得很突兀。

　　可以根据季节选择衣服。气候有所差别，穿的衣服也就不太一样。春季旅游，准备一件防水防风的夹克，不仅可以适当保暖，还能应对下雨的天气。

　　一般说来，旅行前我们在服饰准备上可以按照下面的公式进行：

　　基本款＋交叉搭配＋目的地风格，把这些准备好就可以出发了。

　　重装饰轻装修是家居设计中人尽皆知的概念，也是出行搭配的不二法则：将简单但质地优良的基本款当作硬装，而软装靠细节和配饰来调度。

基本款是衣柜里的核心单品，不必每次旅行都另外添置；基本款可调度性极强，本身无显著风格，而所谓风格，全凭搭配赋予。

具体说来，可以根据你要去旅游的景点选择穿搭和配色。

（1）海边

如果去海边的话，穿上大面积色块的亮眼飘逸的长裙是一个不会出错的选择，比如，白色、红色等。

红色在海水的背景下，很亮眼，怎么拍都很好看，不会很突兀又十分抢眼。

白色点缀黑星的裙子，跟浪花相呼应，在海边漫步，会显得特别清爽；配上同色的帽子，更增添一种夏天的感觉。

（2）都市街头

如果你是去城市里面玩，那么打扮得时尚摩登是很有必要的。这时候可以进行叠穿，颜色可以多样化，但不要特别累赘。

黑色外套加黄色领子点缀，内搭白色吊带，加上灰色阔腿裤，头上的发带颜色和衣服对应，这样打扮时尚感呼之欲出，大气又不失摩登，十分时髦。

简单的白衣黑裤，外搭长款浅橙色外套，黑白就不会显得太单调，既简洁，又有特色。

（3）自然界、草原等

如果去爬山或者去草原，环境是大面积绿色的话，衣服既可以亮色也可以暗色，主要是款式需要简洁。

草地上需要穿白底黑点的裙子，这样会更有特色。

或者穿上蓝色黑丝衣服，用米白色帽子提亮，同样是个不错的选择。

（4）城市景点

在城市景点可以打扮得俏皮活泼点，适当用亮色点缀。

白色打底，卡其色短裤和深色牛仔衣，再加上粉色运动鞋，一个运动活泼的少女就这么出现了。

粉色修身连衣裙，款式简洁，加上干净的妆容，一个温柔的女子就出现了。

实际上，旅行要尽量携带一些舒适度高、简约轻便度高的衣物。女性可以多带几件连衣裙就能完美解决，也不用考虑和下装如何搭配。而且一件美美的连衣裙拍起照来也超级上镜，拍出的照片也是很有范儿的。

可以根据拍照需求选择合适的衣服。旅游穿什么衣服更适合拍照呢？如果你去的是绿色为主色调的景点，最好不要穿暗色的衣服，拍出来的照片会不太美观，最好穿白色、粉色、黄色等色彩鲜明但又比较容易搭配的衣服，这样拍出来的照片就会色彩艳丽，让人赏心悦目。

第八章
我们需要怎样的衣橱

其实，无论是物品、朋友还是亲密关系，都不是越多越好。对于衣橱，我们的目标应该是建立一个有用的、有想法的、理性的衣橱。当然，这并不是主张什么反物质的生活，而是通过搞清楚衣服与人的关系，进而明白自己真正的需求和快乐的来源。

曾经看到一个真实的段子：有位爱美女士提出了一个自认为不错的想法："其实只要 30 个单品，就可以过一季了。"话还没说完，身边就有人开始笑她，还有人说："哪用得着这么多，我三件就可以了……"就这样，一句真心话被无情地淹没在大家的嘲笑声中。

　　当然她们说的也没错。非要最小化，哪用得着三件，有的人两件就够了。

　　前段时间网上很火的美女艺术总监 Matilda Kahl（马蒂尔达·卡尔）因为上班前花太多时间挑衣服，因此在一个重要的会议上迟到了。于是，她做出了一个惊人的决定：每天都穿同样的衣服上班。于是这一套衣服一穿就是三年，Matilda Kahl 也因为这个"行为艺术"在网上爆红。

　　她的经典造型就是白衬衫搭黑色裤子，还有一个专属的个人标志：一根细皮绳系在衣领下。据说她有 15 件白衬衫，6 条黑裤子，一周工作五天，天天如此。公司还专门搞了一个 "Dress like Matilda Day"（"穿得像马蒂尔达日"）的活动，在那一天，公司里的所有人都穿得和她一样，看起来甚是壮观。如此看来，她比乔布斯要幸福，毕竟乔帮主的员工都不愿意跟他穿同样的"制服"！

　　不过这样的例子未免有些极端。有人就说："如果每天都穿同一套，那我还关注黎贝卡干吗？"好机智的怼答！是啊，每天都穿同样的衣服未免太无趣了。那么一个人到底拥有多少衣服才够？衣服越多就穿得越美吗？买得越多选择就越多吗？换言之，我们到底需要怎样的衣橱呢？

1. 选择服装应该体现综合美

一般说来，服装的综合美可概括为以下四个方面：个性美、流行美、内在美和外在美。

其一，个性美，是服装与着装人的性格、风度、爱好、志趣产生的美。

要使打扮富有个性应注意两个问题，一是不要盲目赶时髦。最时髦的往往是最没有生命力的。二是要穿出自己的个性。俗话说，世间没有两片完全相同的叶子，一样米养百样人。不同的人由于年龄、性格、职业、文化素养等不同，自然会有不同的气质，故服饰选择应符合个人气质要求，既要符合个人气质，同时又要通过服饰表现个性气质。

所以，必须深入了解自我，让服装尽显自己的个性风采。一个盲目追求时髦的人必然会失去自我。例如，一个身为教师的女性穿着透明装和超短裙出现在讲台上同一个粗腰壮腿的女士穿迷你裙招摇于街市一样地不可理解。

天下人等，高矮胖瘦各得其所，不同的体形着装意识也会有所区别。服饰搭配技巧美的生命力，就在于掩盖人们的缺点，尽显人类的优点。

其二，流行美。流行是服装与着装人迎合时代精神和社会风尚所产生的美。

服饰是时尚流行的符号。而如今的时尚就是要为大众所接受，进而认同，由时尚变成流行。服饰与时尚融汇，会爆发出一种内在的感召力和诱惑力。如此，才会形成潮流，才会出现趋之若鹜的景象。从服饰的演变中，可以看出人类时尚的嬗变。且不说我们非常熟悉的国风国韵，就拿西方来说，无论是古希腊时期的和谐韵律之美、中世纪的理性之美、文艺复兴时期的造型曲线之美、17世纪巴洛克繁复之美，还是18世纪洛可可的精巧之美，都能很好地体现时代赋予时尚的审美倾向。

至于流行服饰，一般指鲜艳美丽、受众人喜爱的衣着。流行服饰的入选并无贵贱之分，主要看受众多少。随着物质和精神生活水平的提高，人们在生活领域的各个方面有了更多、更高、更新的追求，于是"流行"这个概念逐渐为人们所接受，并在今天得到了空前的普及，人们自觉或不自觉地开始崇尚流行美。

不过，法国时装设计师伊夫·圣洛·朗认为："时装对风格来说，好比维生素，它刺激你，但用药过量就危险了。"

现在的流行服装，多数采用的都是多种色彩组合的形式，而不同的色彩组合可以产生无限复杂的调子和韵味。下部具有稳定之美，通过束腰呈现女性腰肢的纤细柔韧，就会在端庄恬静中兼有轻盈优雅之美。平肩不束腰窄摆长裙、风衣或大衣的轮廓线形属矩形，直立竖线造型，简洁、明快，有庄重挺拔之美，多用于成年男子的服装。

总之，直线组合构成的服装轮廓线形偏向于阳刚之美，而曲线组合构成的服装轮廓线形偏向于阴柔之美。

其三，内在美，是服装与人的心灵、气质融合产生的美。

美的含义深远而悠长，它不但包括外在美，还包括内在美，二者相辅相成，互相促进才能给人以美的感受。而适宜的服饰可以增加人的气质，提高内在美。内在美需要时间去雕琢，服饰美要搭配相称的一言一行、举止谈吐。每个人都想给别人留下优雅大方、聪慧善良、亲切大度的美好印象，这不但需要服饰，也要求一言一行来相衬，只有这样，才能将自己的个人魅力发挥到极致。

在实际生活中，每个人都在通过言行举止来表达自己。在与人交往中，多一分修养，就多一分完美，也多了一分对生活的热爱；让服饰与气质修养合二为一，才是智慧的人生，才能将美好的形象体现出来。服饰的选择并不在于凸显奢华，而是陪衬出人的气质，烘托出人物的身份。可见，将健康的服饰理论完美地运用到生活中、社交中、职场中，人们就会如鱼得水。

其四，外在美，是直接表露在外的美。

有人曾做过一个调查，问了这样一个问题：一个长相平平的清华大学高才生和一个某高职毕业长相标致的女孩，你觉得哪个女孩会更受欢迎？大多数人的回答都如出一辙——后者！

一个女孩子如果只有外在美而没有内在美，她可以过得还不错；如果她既有外在美又有内在美，她就会过得很好；如果她没有外在美，只有内在美，结果大家或许心里都有数。

现在我们往往把了解一个人的时间成本给忽略了，这是一个酒香也怕巷子深的时代。即使你很有才华，但是你的外表很差，一般的人根本就不愿意搭理你，除非你真的强大到无可取代。实际上，我们总会发现，这个世界上没有谁是取代不了的。换言之，借助服饰增强自己的外在美，往往容易引起大家的重视。

此外，还包括在上述四个方面美的作用下产生的美：如服装与身体相辅而成的姿态美，服装的结构线条与体形相辅而成的构成美，材料品质、组织、肌理相辅而成的材质美，服装颜色与肤色相辅而成的色彩美造型、款式、纹样等产生的艺术美，工艺、技术等产生的技巧美，配饰、配件衬托得装饰美，服装与帽、手套、鞋、袜穿戴物品形成的整体美，服装与人的长相及修饰打扮产生的化妆美，服装的功能与人的工作、环境、条件、工具、对象相适应的实用美。

没错，选择服装的时候，就应该体现出综合美。

2. 基础单品占到70%就能百搭

无论潮流如何变迁，有些单品永远不会退出时尚潮流的舞台，看起来普通得不能再普通的单品，也会历久弥新、百搭不错。这些基础单品能让懂得时尚的人玩转个性，而街拍达人也少不了它们，连明星出席大的时装场合，也会看到它们的风采。也正是因为永不落伍的属性，让它们成了懂得经典的服饰搭配高手的衣饰必备单品。

让经典百搭的基本款占据70%的比例，其余的可利用搭配制造新意。只要衣橱里有足够的简约经典款，随意搭配都不容易出错，可以方便自己更好地进行选择，也很容易找到适合自己的风格。当你的衣橱有足够多的基础款单品时，就不容易陷入搭配的僵局。

（1）白衬衫

白衬衫不仅是检验男人是否酷帅的标准，也是检验女人能否懂得经典的时尚单品。穿一件合体的白衬衫，可以游刃有余于任何场合。所以，白衬衣是最百搭的经典单品之一，是衣橱必备，一年四季全年无休。

穿上白衬衫不仅可以表现职业感，也可以打破固有的风格，穿出新韵味。要知道，无论多出彩的衣衫，白衬衫都可以与之相称，互相成就。身为时装界最经典、最基础也最百变的单品，我们得有一种觉悟——永远坚守自己的经典属性，永远保持美丽实穿的特点，永远不会忘记新增某种让人眼前一亮的变化，永远可以跟别的单品搭配妥当。可以说，这就是白衬衫的自我修养。

（2）白 T 恤

同样百搭但更具减龄属性的白 T 恤，它的包容性更强。不论是考究的西装还是休闲的牛仔，任何风格随意搭配起来都毫无压力。

早期 T 恤是宽大的造型，搭配着短裙、短裤或牛仔裤，整个组合显现健康、向上充满活力的感觉。但近几年，流行的是合身的小 T 恤，与短裙、超短裤、紧身裤亲密相伴，共唱出夏季服装的主旋律。这种结合充分地展示出女性秀美的体形，特别是露腹式 T 恤，更能展示出青春与健康的活力，是夏天的流行风采。

（3）牛仔裤

牛仔裤最早出现在美国西部，曾受当地矿工和牛仔们的欢迎，现在仍然十分流行。无论走到哪里，都能看到它的影子，是一年四季永不凋零的明星，是"百搭服装之首"。

牛仔裤的款式虽然很多，但一条合身的直筒牛仔裤一定必不可少的。它既能够修饰腿形又能显得腿笔直修长，同时简约大气的款式也禁得起时间的考验。基础款单品虽不会给你冲击眼球的时髦感，却能沉稳地潜移默化地塑造你的风格，让你在一大堆难穿的单品里面发现搭配的可能。

（4）A字形连衣裙

裙子是最能体现女人味的单品。小黑裙、小白裙绝对是裙装里最经典的裙装单品。但是从裙装板型上来说，A字形连衣裙才是裙装里最最经典的款。穿上它，你不用担心自己的身材不够完美，立体的裁剪总能帮您驱除困扰人的粗腰、粗腿、大屁股等一系列身材缺陷问题，你只需根据自己的体形和爱好，在A字形连衣裙的腰线处做好选择就行。

（5）长裙

在夏季，必不可少的单品还属长裙，不论是冷色系还是暖色系，不论是飘逸的雪纺还是性感的蕾丝，只要你喜欢。穿着它你可以在海边烂漫玩耍，可以在街头飘逸灵动，可以在晚会大气端庄，还可以在郊外文艺复古。一款适合自己的长裙，绝对应该成为你夏季衣橱里必不可少的单品。

（6）西装外套

一件挺括的西装外套，也绝对是提升质感的必备单品。不管是超大款还是修身款，都能穿搭出你想要的风格，还能不惧任何场合。

（7）风衣

春秋季节是冷暖交替的时候，我们就可以选择穿风衣。中长款的款式，不仅能防风御寒，还能产生拉长身高的视觉效果。其实，小个子也是可以驾驭长款风衣的。长度到膝盖以上一点或过膝，不仅不会影响腿部线条比例，还会给人以修长苗条的感觉，会让人觉得刚刚好。

（8）呢子外套

如果冬季不想穿得太臃肿，可以选择加绒的毛呢外套或修身款式的羽绒服。而那些不怕冷的，可以选择宽松款式的毛呢外套，休闲舒适，行动方便。除了黑白灰，还可以选择红色、绿色、蓝色和黄色，鲜艳醒目。

很多女生都有这样的烦恼，就是明明衣柜里很多衣服，却不知道怎么去搭配，总感觉自己没有衣服可以穿出门。其实只要利用好基础款，就可以轻松搭配不同的衣服，甚至可以天天出门不重样。懂的人会夸你会穿衣服，不懂的人还以为你的衣服多的用几个房间都装不下呢。

利用好基础款的第一法则就是懂得如何做"加法"。遵从"2-3-4"的加法法则，就能很快地搭出让人耳目一新的出街穿配。所谓"2-3-4"的加法法则是这样的，如果我们把基本款衣服分成内搭类、外套类和下装类，那么：

夏天的 2 步穿搭：1 内搭 +1 下装；

春秋的 3 步穿搭：1 内搭 +1 下装 +1 外套；

冬天的 4 步穿搭：2 内搭（打底背心 / 衬衫 + 毛衣 / 卫衣）+1 下装 +1 外套。

同时，我们也要学会"加减乘除"法则。

穿衣做加法，一件衣服必须和三件衣服搭配。

买衣做减法，不能和衣橱里三件衣服搭配的衣服就不要买。

跨季衣服做乘法，同一件衣服可穿三季。

我们在购买价格不菲的衣服时，可以用除法来计算衣服的价值。即：平均每次投资额 = 原始价格 / 使用次数 / 年限。

找到适合自己的风格和经典的、百看不腻的单品，你会发现自己反而越穿越有质感，越穿越美。

3.未必缺少衣服，只是不懂搭配

"没有可以穿的衣服！"这似乎是每一个女人在出门前对着衣柜最想说的话。一般说来，女人不会懒于购物，所以，她们缺少的不是衣服，而是搭配衣服的观念。

成功的服饰搭配人士头脑里通常都具备以下的搭配观念。

（1）整体观念

服饰是立体活动彩色雕塑，不要把上下装分开来看造型，要于整体上往瘦长袅娜型装扮。

（2）肤色观念

脑子里要先有适合自己肤色的色彩系列。记住，所有的服装是要穿在自己的"肤色"上的，绝不是配在白墙或白色、黑色模特儿架上。如果确实酷爱某一种颜色却又不适合自己的肤色，那就把它用来布置房间吧！

（3）体形观念

体形不佳的人，就要发挥服饰的作用，让人们感受到体形的美丽与长处。比如，臀部较大，会让人苦恼，但穿上皱褶的长裙，就能让人感受到潇洒的田园风格。

（4）配饰观念

配饰与服装密不可分，要知道，买完衣服仅仅是走完了万里长征的第一步，还要预算出一半的钱来考虑配件。觉得配件可有可无或不太重视配件的人，会被认为是没有品位的。

（5）发型观念

服装设计师的最新作品，有时是通过奇特的发型展示的。发型的风格（尤其是色彩）决定着服装配搭，发型变换较少的国人更应注意这点。

（6）妆型观念

不同的服装要搭配不同的妆型，所以做出不同风格的妆型，是搭配服装最好的办法。如果妆型比较单一，会影响服装的表现力。

（7）个性观念

年轻人对于流行服装反应很敏锐，但往往都是粗线条的直觉，再加上不会搭配，穿着反而显得没品位。聪明的人都会将流行当"调料"放进当季衣服中，使自己永远时髦、别具一格。

（8）经济观念

质量越高，服装越贵。衣服越满街、过剩，越要懂得选择。最好的办法是，确定购衣价格，要单价高一些，数量少一些；同时，也要列出配饰的价钱。

（9）保养观念

保养主要包括两个方面内容：一方面是服装的洗涤、熨烫、收藏和保管，另一方面是每周提前做好衣着计划。

其实，中国人的着装在质地、设计款式方面与国外已没有差距，但穿出来还显得皱巴巴，半新不旧。而国外发达地区的人，多数穿上都显得很新，原因就是专业洗涤，精心熨烫，收藏方式科学。好服装要定期送到洗衣店做处理，衣柜也要购国际流行的内部定向划分细致的现代衣橱，使衣物做到归类存放。

另外，在每周日晚上，要了解下周气候及工作计划，将五天要穿的衣服配套放好，使自己每天都打扮得光鲜亮丽。

4. 衣服既需要购买，也需要断舍

现实生活中，很多女性似乎都被下了"造型要多变"的魔咒。时尚达人、部落客、模特每天都会换造型，杂志上也有关于一个月造型穿搭的报道，网红们也会将各式各样的服装上传到社交网站上，如此就让很多人产生了"每天都得做出不同打扮""造型要多变"的错误想法。

时尚名流和部落客之所以会有那么多衣服，是因为她们把时尚当作职业，上传照片和参加派对是她们的工作，所以必须拥有大量的衣服。

其实，生活中的真实打扮，根本不需要那么多衣服来做造型。寒冷的冬天，还不是几乎天天都穿着羽绒服吗？为了搭配服装，每天的包包都要换，所以包里的东西也总是要换来换去，如此，你不觉得麻烦吗？最后的结果就是，最习惯使用的包包或衣服，出现在身上的频率最高。

造型要多变的魔咒，还会带来更糟糕的影响，那就是为了变换多种造型，反而让你变成一个庸俗土气的人。时尚达人的定义应该是不穿庸俗土气衣服的人。所以，与其拼命研究时尚技巧，还不如将身边已经不再适合的衣服全部排除，只要这样做，任何人都可以提升自己的时尚水准。

是的，我们并不需要重复拥有更多，却应该将有限的金钱分配到最需要的基本款与万能穿搭款式中。内心坚定地知道自己所要寻找的服饰到底是什么，才不会被商家琳琅满目的衣服所吸引，进而产生冲动消费。

使用二八法则将衣物分为基本款与时尚个性款是适用于大多数人的方法。常备基本款，偶尔搭配时尚款，只需要稍稍地变动就能穿出不一样的风格，而不是面对五颜六色的衣物而无从下手。

女人的衣橱里不是永远都缺一件衣服，我们更缺的是大胆搭配的勇气，缺少的是重视细节的耐心。我们需要下决心取舍，关注自己的内心，给更少的衣服最好的呵护与保养，让自己对细节多些重视。

其实，无论是万能30件，还是更多达人所推荐的50件、100件，核心宗旨都是需要我们去质问自己的内心，我们到底需要什么、在乎什么。衣物说到底还是用品，我们不过是以此展示每天的心情与状态，只是要让自己更加舒适靓丽而已。

所以，一定要认清自己现在的生活方式，留下自己真正喜爱出色的衣服，创造出一个"精锐主义"的衣橱。

（1）减少衣服的具体对策

不穿的衣服就要丢：有些时候，我们觉得有些衣服留着还会有再度流行的可能，但是时尚界的轮回每次都是不一样的，即使是同样的衣服款式，也会有材质、设计等方面的不同，穿着再度流行的旧衣服会变成活化石。

可有可无的衣服，就不要再买：与其去买三件不确定将来还能不能穿的便宜流行款式上衣，还不如购买每天都能穿的两条高级紧身裤。

重点要放在更新上：买衣服时，要先确认自己已经有的基本单品，不要以多买为目标或是为了增加衣服数量而买，而是要为了更新已有的基本单品，所以才有必要去买。

应该要丢的衣服：早上着装时，会在穿衣镜前换掉的衣服；季节没问题，却始终没有穿过的衣服；现在穿上后，发现已经不再适合自己的衣服。

（2）理想衣橱的必备特质

只放现在需要用到的衣物：关键在于先挑出本周想穿两次以上的服装。现在的行动范围、现在的生活模式、现在的时代氛围，只要符合以上三点的服装，就是自己穿起来舒服，在他人眼里看起来也时尚的服装。

衣物品项偏向自己的风格：衣橱的衣物内容偏向某种类型，并不是失败，反而是一种成功。因为，这代表着你已经拥有了自己的风格。

十分清楚自己适合、喜欢的衣物：不冲动，就能让购物变得更有价值；同样是买衣服，请买出色完美的衣服；实际上，真正需要买的只有现在会穿的衣服而已；一周之内一定会穿的衣服，才需要买；千万别买好像快要流行的衣物；花钱去买低于平时购物价位的便宜服装，其实很危险；购买高价物品时，更应该注重选择基本款式。

（3）可买衣服的重点

让自己看起来更美的衣服：人的气质和内涵不可能一日形成，它需要时间的洗礼和阅历的雕琢，但穿在身上的衣服却可以轻而易举地赋予你某种形象。又由于并非人人都是衣服架子，天底下也并没有一件可以包容任何身材的衣服，所以在选择那件可以塑造自己形象的衣服时，要尤其小心。

必须更新的服饰基本单品：无论喜欢裙装还是裤装，你的基本造型都不需要多做改变，只要将单品持续更新为当季流行的款式就已足够。为了让自己永远出色，就要勤快地更新替换衣着的基本单品。

品质优良的下半身单品：年轻女孩会把钱花在上衣，成熟女性则应该把钱花在下半身单品上。

（4）三类衣服不可买

第一类是需要前提条件配合才能穿的衣服。例如，这件裙子要有那样的上衣才能搭；这件长裤要配三寸高跟鞋才能穿；如果我再瘦点就可以穿这件衣服了。第二类是跟你大部分衣物不同色的衣服。第三类是你以为可以穿一辈子的衣服。

所谓的时尚打扮，其实就是社会眼光与自我特色的相互协调。如何把自己喜欢的要素以及给人良好印象、让人容易接受的要素，完美地融合在一起来为自己做装扮，是成功的关键。

穿着得体、气质动人的女性，总会让人感觉在她身边的气氛特别美好。所以，一定要向更好的自己迈进，因为只有当自己变得更美好时，身边的世界才会变得更加美好。

5. 衣橱管理需要具有全局观

在我们身边，很多女性对好的穿衣风格都会有误解，认为穿衣风格是无法通过学习获得的；认为时尚在很大程度上就是购物，就是有钱、有时间，就是知道如何优中选优。然而，好的穿衣风格的形成并不在于偶尔几次购物时在试衣间里的照来照去，更多的是每天在自家穿衣镜前所花的时间和功夫。

也就是说，好的穿衣服风格并不是你买了什么衣服、拥有了什么衣服，虽然这些在一定程度上会起一定作用。但好的穿衣服风格在于日常生活中如何把衣服都搭配起来。只有搭配得好，才算具备了全局观。

说到底，一切都跟和谐有关。和谐是拥有好的穿衣风格的捷径，是一条神奇有效的捷径。不管是画作、家里的装饰品、自然界，还是时尚，人的眼睛都会被和谐所吸引。我们都不喜欢那些不和谐、令人困惑的画面，而喜欢流畅、连续、没有任何混乱的画面，这就是我们所说的美。从我们欣赏的艺术品或者自己拍摄的风景图片中，都能够领略和谐的魅力，然而，大部分人都忽略了和谐在我们衣橱里的作用。所以，她们在服装的细节上处理得不好，或者穿的衣服不搭配，都会造成整体穿搭效果不佳。

怎样才能知道自己的服装是否和谐呢？只要通过观察即可。每件单品是否符合整体风格？或你是不是曾经用一条朋友织的厚重的金黄、橘黄两色的围巾搭配了一条黑白印花连衣裙，外面还穿了一件棕色竖纹羊毛衫，还穿了一双结构复杂的牛仔靴？这样的搭配并不很罕见，表面看起来也不是很不礼貌。但是，后果就是会让人分散注意力。这样的搭配，人们往往会注意那条不和谐的围巾，而不是那张被漂亮的领口和精良的白色丝绸巧妙衬托的脸蛋；这种搭配还会让人们注意到你笨重的靴子，而且搭配上露出的小腿，显得双腿很短。

当我们看到一套混乱的搭配，我们的眼睛和大脑会判断这套搭配及其主人为视觉干扰，你的反应会跟听到了刺耳、不协调的音乐一样。你会试图理解这种音乐吗？或许，一个墙上有洞、狭小肮脏的酒吧里上演的"新爵士乐"音乐，这样，会让你的约会对象印象深刻。然而，在自己的穿衣搭配上，肯定不会这么做。

有些时候，我们买了一件打底上衣，会发现没有配它的外套，于是又买了一件外套；后来又发现没有配它俩的裤子，于是又买了一条裤子；发现少一双合适的鞋子，于是又买了一双鞋子；然后发现包包也需要换一下，于是又买了一个包。

今天该穿什么？找找看。出门的时候发现，衣橱里永远少一件衣服，即使不断"血拼"把衣橱塞得满满的，也无法改变这种状况。

网络上不乏收纳整理和衣橱管理的有效方法，但都觉得欠缺点儿东西。

缺什么呢？其实欠缺的是全局观。

他们大部分都在教如何收纳，需要买这个收纳盒，买个压缩塑料袋，衣品却不见得提升，且永远都缺一件衣服，东西是越来越多了，但收纳完还不记得收哪儿了。

从女人的衣橱能看出一个女人的品位，即便买精而少，也不能买烂而多。

其实就算把你觉得你所缺的、应该买的、必须买的，全部都写下来，你还会发现空白，这个空白就是你缺的那一件衣服，但是平时可能用不上，也许只是偶尔用得上，但常常到了商场，还会重复买可能穿的频率会高一些却雷同的一堆衣服回来。

所以，可以把预算、衣橱内品类设置好后，一件件买进来。而买的时候一定要买得特别仔细，不要因为促销打折就买了一堆衣服，一定要记得品质、样式、价格都要好好考虑，购买精良物品。

可以根据自己的需求量身定制，然后把一件件好物品购买进来。所以可以先大致有一个预算，但也不必提前全算好，而是每年设定哪些需要补充、哪些物品需要替换，补充一点即可，但是得有全局观。如此，过了一段时间你就会发现，衣橱改头换面了。事情需要一件件做，衣服需要一件件购置，最重要的是生活要精致、物品也要精良。

第九章
服饰时尚感的色彩搭配

　　服装最大的特色是可以扬长避短，通过色彩所呈现的视觉效果，可以改变一个人的气质、品位、风情，可以看出颜色给时尚带来的影响力的确很大。学习服装色彩搭配，最主要的就是帮助大家通过不同的颜色选择提升个人的魅力、气质。

服装与人、生活有着密切的联系。张爱玲说过："对于不会说话的人，衣服是一种言语，随身带着的一种袖珍戏剧，各人住在各人的衣服里。"这句话是最早明确形象地说出衣服与人的关系的。

色彩与服装的功能首先是其使用价值和使用功能，而服装的功能正像一切事物的内容和外在形式一样，服装的审美价值必须得到色彩美与服装美的密切配合。这其中一个是形式，一个是内容，只有形式和内容的密切结合才能迸发出智慧的火花。

服装最大的特色是可以扬长避短，通过色彩所呈现的视觉效果，可以改变一个人的气质、品位、风情，可以看出颜色给时尚带来的影响力的确很大。学习服装的色彩搭配，最主要的就是帮助大家通过不同的颜色选择提升个人的魅力、气质。

可以说，每个人都会穿好看的衣服，但怎么穿搭出自己的风格、怎么穿出自己的亮点、如何吸引别人的眼光，是需要一定技巧的。

事实上，衣服的颜色有着很强的吸引力。正确地搭配好衣服，不仅可以修正、掩饰身材上的不足之处，还能够很好地突出自身的优势。

对于服装搭配，色彩搭配是比较高阶的层面。色彩搭配好了，能够给整体造型锦上添花；如果搭配不当，就会有种非常艳俗的感觉。要想将衣服的搭配效果展现得更加完美，自然就需要了解更多的内在道理。

1. 服装色彩的审美联想

所谓审美联想，是人在审美活动中感知或回忆特定事物时连带想起其他相关事物的心理过程。那么，服装色彩的审美联想，就是指服装色彩带给人的审美联想。

（1）色彩的季节感

春天：具有朝气、生命的特性，是高明度和高纯度的色彩，以黄绿色为典型。

夏天：具有阳光、强烈的特性，是高纯度的色彩形成的对比，以高纯度的绿色、高明度的黄色和红色为典型。

秋天：具有成熟、萧索的特性，是黄色以及暗色调为主的色彩。

冬天：具有冰冻、寒冷的特性，是灰色、高明度的蓝色、白色等冷色。

（2）色彩的音感

据说牛顿能听音辨色，从 do 到 so 的部分，正好与红—紫的光谱色顺序相同。

声音的高低可以用明度来表示，声音越高，明度越高。同样，声音的感情也可以用色彩来表示，比如，为了表示热情的声音，可以用红色；为了表示快乐的声音，可以使用黄色；为了表示悠闲的声调，可以使用绿色；为了表示悲伤的音符，可以使用蓝色。

绘画大师康定斯基认为，强烈的黄色给人的感觉就像尖锐的小喇叭发出的声音，浅蓝色的感觉像长笛声，深蓝色就像低音提琴到大提琴的音响效果。

（3）色彩的味觉感

酸：未成熟的果实，以绿色为主，再加上黄、黄绿色。

甜：成熟的果实，以黄、橙、红色及其明色调为主。

苦：咖啡，中药的色彩联想，以黑、褐灰色为主，低明度、低彩度的浊色。

辣：辣椒的色彩联想，以红、绿的鲜色来表现刺激性。

咸：大海与盐的联想，蓝色的明色及灰色调。

涩：未成熟的果实联想，以灰绿、暗绿等浊色为主。

（4）颜色的五行属性

属火的颜色：红色、紫色。

属土的颜色：黄色、咖啡色、茶色、褐色。

属金的颜色：白色、金色、银色。

属水的颜色：黑色、蓝色、灰色。

属木的颜色：绿色、青色、翠色。

（5）色彩与形状

色彩都具有各自的几何特性，跟形状结合起来，可以加强本身的特性。

圆形：具有温和、圆滑的特征，适合蓝色的特性。

正方形：具有方正、重量感，适合红色的特性。

三角形：具有尖锐、积极的特征，适合黄色的特性。

长方形：介于黄色与红色之间，适合橙色的特性。

椭圆形：介于红色与蓝色之间，适合紫色的特性。

（6）色彩的联想与象征

当我们看到某种色彩时，常常把这种色彩和我们的生活环境，或生活经验中有关的事物联想在一起，这种思维倾向称为色彩的联想。色彩联想是通过过去的经验、记忆或知识而获取的。

红色

红色表示生命、热情、精力充沛，能够使人兴奋、引人注目；充满青春气息，是最能引起情结活动的颜色，勾画着人生的悲喜剧。红色也常用来作为警告、危险、禁止、防火等标识用色。

黄色

黄色的灿烂、辉煌，有着太阳般的光辉，象征着照亮黑暗的智慧之光。黄色有着金色的光芒，象征着财富和权力，是骄傲的色彩。在工业用色上，常用来警告危险或提醒注意，比如：交通标志上的黄灯，工程上用的大型机器，学生用雨衣、雨鞋等，使用的都是黄色，称之为安全色。

橙色

一般说的橘色又称橙色，充满了暖色感，是一种红色中带有黄色的色彩。看到橙色，就会让人联想到炎炎夏日，给人留下强烈的印象。橙色是欢快活泼的光辉色彩，是暖色系中最温暖的色，会使人联想到金色的秋天、丰硕的果实，是一种富足、快乐、幸福的颜色。

蓝色

蓝色给人最直接的联想便是清澈深邃的天空，一望无际的大海。蓝色具有吸引人的力量，它给人以冷静、沉思、智慧和征服自然的力量。在美国的垦荒时代，蓝色是劳动服的基本颜色。蓝色还是海军的军服颜色。不同深浅的蓝色可以代表不同的感情。

绿色

绿色是大自然草木的颜色，意味着自然生命与生长，象征着和平、安详、平静、温和，给人的印象是安全、自然，能够带来内心的平静。在交通信号中，象征着前进与安全。

紫色

在西方希腊时代，紫色作为国王的服装色来使用，表示尊贵。过去我国和日本也把它作为表示等级的服色。紫色系在欧洲流传很广，其华丽、高贵的特性别具一格。优雅、华丽的紫色系，可提高周遭的气氛；而在正式的场合或宴会中，也属于非常引人注目的颜色。其特点是娇柔、安详、高尚、艳丽、优雅。

黑色

黑色来自黑暗的体验，使人感到神秘、恐怖、空虚、绝望，有压抑感。一直以来人类对黑暗是有所敬畏的，所以黑色有庄重肃穆感。

白色

看到白色，会使人觉得纯洁、可爱，白色象征真理、光芒、神圣、贞节、清白和快乐，给人以明快清新的感觉。在中国文化中，白色与红色相反，白色是一个基本禁忌词，甚至象征奸邪、阴险、失败、愚蠢、无利可得。

2.怎样穿出知性优雅感

　　所谓知性，是指内在的文化涵养自然发出的外在气质，就是一看就觉得此人有文化、有内涵。优雅则是一种和谐，类似于美丽，只不过美丽是上天的恩赐，优雅则是艺术的产物。优雅来自文化的陶冶，也在文化的陶冶中发展。

　　优雅是一种姿态，而知性是一种品位，如果想要做一个精致的女人，就一定要内外兼修。合适的服装会影响一个人的整体气质，知性优雅的品位也可以通过着装来体现。每个女人都有着无比巨大的优雅潜质，只要给自己多些宽容和鼓励，这份潜质就能被激发出来，且源源不绝。

　　想要拥有知性优雅的品位，服装搭配并不需要太繁复，简单些，反而更能凸显知性的气质。比如，圆领无袖的黑白条纹短上衣配上白色高腰半身裙，简单纯粹，还能凸显知性清丽的气质，特别吸引人。

　　在知性优雅中，有一种利落是不言而喻的，这种利落总会表现为衬衫加包裙，黑白配可以让职场360°无死角。黑白配最大的优势就是简单，简单到不能再简单，就会变得很复杂，让人琢磨不透它到底还能塑造出什么款式和风格。

极简的白衬衫，搭配包臀裙或是九分裤，再来一双高跟鞋就是应对职场的万能穿搭，而换一条伞裙就是休闲时尚的代表。

蓝白配色清新雅致，是非常适合春夏的配色，看着就令人觉得心旷神怡，非常舒服。白色的无袖条纹上衣，并不让人觉得拘束的条纹款式设计，简单中流露出时尚的品位，搭配下身的深蓝色七分阔腿裤，简单、干净，一上身格外显气质。

优雅不需要多余的赘饰，比如：条纹 T 恤搭配上白色的七分裤，足够展现出你的时尚雅致、纯净高级。

春夏季节，以下的女性穿搭也会展现出知性优雅感。

（1）牛仔裤加小西装

牛仔裤不仅是一件非常时尚的单品，有些款式的牛仔裤给人的感觉还是知性的、稳重的，再配上一件小西装，知性美就会更强烈。这种穿搭不仅适合日常，还可以当作职场穿搭，不会显得很嫩，也不会显得很老，会显得很有活力、很干练。

（2）阔腿裤配 T 恤或衬衫

阔腿裤是现在很流行的一款裤子，对于 30 岁左右准备转型的女性来说必不可少。因为 30 岁左右的女性身材难免有点走样，阔腿裤就能很好地修饰身材，而且不会显胖。阔腿裤也是非常好搭配的。在夏季，搭一件白衬衫，或是搭一件 T 恤，都是非常好的选择，既时尚又舒适。给人的感觉也是很优雅、很稳重的。

（3）高腰裙配衬衫

高腰裙是一款非常展现女性魅力的裙子，能够把女性的身材表现得非常性感，对于 30 岁左右的女性来说是非常好的选择。如果配上一件衬衫的话，职场范会更足，让人显得更加稳重，更加知性干练。另外，配衬衫也没必要非得穿高跟鞋，穿一双小白鞋就很好，会显得更加青春，又不会表现得很刻意。

（4）大衣或风衣

在春季，30 岁左右的女性一定要备上一件大衣或风衣。现在很流行的是驼色和卡其色的大衣和风衣。大衣和风衣是非常显气质的衣服款式，配上一双合适的高跟鞋，举止间会给人以很优雅、很知性的感觉。

3.怎样穿出青春活力感

都说人靠衣装。穿着不同风格的衣服，整个人看起来也是不一样。即便同一件衣服，在不同的搭配上也会显现出不同的效果。那么，怎样穿搭才能穿出青春活力的感觉呢?

（1）穿衣服要看头发

头发少，穿浅色；头发多，穿深色。头发少的人，穿浅色会更漂亮一些；而对于头发多的人来说，穿深色会更漂亮一些。

（2）穿衣服要看五官

五官大，穿艳色；五官小，穿浊色。五官长得较为大气的人，亮丽的色彩更能凸显自身的气质；而长相比较小家碧玉的姑娘，可以选择色彩较浅、小清新的颜色。

（3）穿衣服要看肤色

肤色白、红，穿粉色、蓝色、紫色；肤色黄，穿黄色、绿色、橙色。

肤色偏白，或白里透红，穿粉色、蓝色、紫色、灰色类的颜色比较合适；如果肤色发黄，则穿黄色、绿色、橙色、咖色类的颜色比较合适。

（4）穿衣服要穿对风格

同一个人穿着不同风格的服装，给人的感觉会明显不同。这就是我们平时所说的，这个人看起来很时髦、很年轻或者很有气质，这些都和服装有着莫大的关系。

（5）穿衣服要看三庭五眼

如果三庭五眼标准，应穿简约型服饰；如果三庭五眼不标准，应穿个性类服饰。三庭五眼比例相等，穿简约的服装；如果三庭五眼的比例不相等，就要穿有装饰的服装。

（6）穿衣服要看脖子、肩宽

脖子粗短，应穿大领型服装；脖子长细，应穿高领型服装；肩宽，不适合穿泡泡袖和露臂装；肩窄，不适合穿削肩的衣服。

穿衣服最重要的是要符合年龄气质，怎样在自己的气质基础上穿出减龄的效果，才是至关重要的。比较明智的选择是利用时尚感增加减龄效果，既符合年龄气质，又不会显得刻板老气。

（1）改变色彩、图案

比如，工作中需要穿西服，就要想办法怎样用西服穿出减龄的效果。比如，原来的黑色西服可以换成一套粉色或蓝色的。如果肤色有局限的话，可以选择米色、卡其色，会比黑色、深蓝色更显年轻。还可以买现在流行的竖条纹、格纹西服套装，都会更时髦减龄些。

（2）改变款式

除了改变颜色还可以增加设计感，比如，加入一些时尚元素。再比如，可以以休闲款西服搭配腰带的款式，加入布贴或绣花设计，原来的普通款可以换成流行的不常规面料。

（3）搭配很重要

可以在内搭上下功夫，比如，可以把衬衣换作字母或卡通图案的内搭。下装的搭配，除了西服裤、OL 风裙，也可以换成牛仔裤和百褶裙。

（4）利用好配饰

搭配可爱的包包，不仅减龄还不容易有违和感。如果高跟鞋换成平跟鞋会更减龄。

（5）摒弃显老款式，多利用减龄款

可以多利用具有减龄效果的背带裤、背带裙，摒弃老气的 Polo 衫。

搭配技巧：

浅色亮色减龄效果＞深色系；

纯色＞花色；

平跟鞋＞高跟鞋；

短款衣服＞长款衣服。

男士怎么穿会显得年轻有活力？个人觉得街头少年最有发言权。因为他们的穿着搭配随意，能将张扬气息彰显得淋漓尽致，毫不做作。这里有三类单品，搭配属性极强，能 hold 住多种搭配，简约又不失潮流感。

卫衣。卫衣是横跨三个季节的明星单品，备受青睐。不仅受到了街头少年的追捧，而且步入职场的青年也是它的忠实粉丝。平时西装衬衫穿腻

185

了，休闲假日穿上它能放松疲惫的身躯，寻得舒适的体验。

束脚裤。多了运动活力气息范儿，能起到减龄作用。放眼街头，会发现束脚裤的出镜率颇高，是新一轮的流行趋势。不仅样式简单大方，束脚的设计更能修饰腿部线条，显得腿部修长挺拔。同时，无论是衬衫还是卫衣，都能完美驾驭，穿出型男风格。

休闲鞋。黑白是时尚圈的最佳拍档，具有浓郁的经典韵味。即使小白鞋是当下的潮流趋势，与众不同的街头潮咖也会用小黑鞋来凹造型，这样搭配，更多了几分沉稳和大气。黑色属于万年不变的流行色，无论何种品类，都不会被时尚抛弃，黑色休闲鞋自然也不例外。不仅看起来简约大方，搭配起来也非常简单轻松，卫衣衬衫或风衣皆可搭配，每种搭配都拥有独特的味道。

4. 怎样穿出性感华丽感

每个女人，无论是甜美型、可爱型、清纯型，还是高贵型、妩媚型、成熟知性型，都会有内在的与生俱来的属于自己的性感气质。怎样才能穿出性感华丽的感觉？如何挖掘属于自己的性感气质，做一个健康迷人的性感美人？可以参考以下一些建议。

衣着不求流行，但服饰看起来是曲线的、成熟的、华丽高贵的。女士要穿有弧线的领和袖，蓬松而线条流畅的长裙，柔软、悬垂感好的宽松型裤子，合体的能体现曲线美的套装。

在色彩选择上，多情的粉色，高贵的紫色，华丽的金色都是最佳的颜色。过浅淡或过深重的颜色，都不适合，既要回避锋利、坚硬，也要拒绝平淡和理性，强调华丽和高雅。

其实，赤裸不算性感，若隐若现才能激起男人的欲望。美国《男性健康》最新调查发现，最能打动男人的不是华丽的服饰，而是女人经常穿着的一些普通衣物。

（1）宽松的衬衫或者 T 恤

一位参与调查的男性曾这样描述："我非常喜欢让妻子穿我的一件白色衬衣，一侧肩膀从领口处露着，臀部半掩，十分性感。"质地柔软舒适，半露不露，这样的衣服能让男性产生想进一步窥探的欲望。

（2）运动短裤和吊带衫

运动服代表着积极主动的健身锻炼感，这会让男人觉得你充满活力。而短裤和吊带衫又能恰到好处地显露出性感，让他忍不住想多看你一眼。

（3）高领毛衣

高领毛衣能让女性显得可爱和神秘，尤其在寒冷的冬季，穿着高领毛衣的女性会给男人以温和、需要拥抱和爱护的感觉。

（4）牛仔裤加白 T 恤

这种经典搭配永不过时，紧身的 T 恤加上凸显身材的牛仔裤会令男人动心，而且这种着装很容易搭配，再加上一些小饰件，更会显得情趣无限。

（5）职业装

职业装会令女性很有魅力，这表明女性足够独立。此外，男人一般都会对职业女性充满幻想。

（6）成套的内衣

成套的内衣比不同颜色款式的内衣更能激发男人的欲望，尤其是红色、粉色等亮色的内衣。

通常，让人感到性感的穿着，一定有"紧、短、露"三项条件中的一项或多项。性感不一定是裸露和暴露，有时也需要营造氛围、制造遐想的空间。

搭配：黑色丝袜。相对于上面几件，丝袜的穿搭更加普遍，更加百搭，无论是野性还是稳重，女性穿上丝袜都会有扣人心弦的性感蛊惑弥漫开来，让人欲罢不能。

丝袜的魅力为何如此之大？一方面，黑色是性感的代言词，充满神秘和诱惑；另一方面，丝袜有一定的透光度，能让肌肤若隐若现、更加撩人、让人好奇，更想对女人的身体一探究竟。

搭配：高跟鞋。高跟鞋透露着野性与狂野，滋长着女人的成熟韵味，是女人性感的秘密武器。

搭配：包臀裙。包臀裙是指裙子紧贴臀部线条的修身款式，最性感的长度是刚好遮住臀部，恰到好处地包裹臀部而凸显曲线。无论深色，还是浅色，搭配长腿使用，往往会更有风味。

搭配：露背连衣裙。相比于大胆暴露，露背少了一份艳俗和情色，会更显优雅与高贵。让柔嫩的肌肤和流畅的曲线展露无遗，从骨子里透出来的纤弱和诱惑让人不禁有着想要将其揽入怀中的冲动。

5. 怎样穿出高级感

高级感并不是金钱物质的堆砌，即使有些人穿着价值上万的貂皮大衣，依然会散发出浓郁的乡土气息；而有些人穿着几百元的基础款，却也是一身国际范儿。高级感不是脸蛋容貌的呈现，有些人五官精致、浓眉大眼却满是风尘；有些人五官寡淡、其貌不扬却也气质高雅、魅力十足。

如何穿出高级感？有时候，只是一件剪裁精良的白衬衣、一套得体的套装、一件质感上乘的礼服……

谈起贵族，很多人都会想到"有钱人"。事实上，有钱人也分很多种：有的是一夜暴富、肥头大耳，有的是喊打喊杀、粗鄙不堪，有的是满身名牌、貂毛裹身，有的是镶着大金牙、戴着粗金链。

可见，并非有钱就一定穿得出品位。因为与高级相对立的并非贫穷，而是庸俗，是 low（低水平）。

俗话说："三分靠长相，七分靠打扮。"穿着一定会影响个人整体的气质、素养和留给他人的印象。简单来说，你穿成什么样，给人的第一印象就是什么样。现代生活节奏很快，人心繁杂直观，没人会忽略你的外在去了解你的内在美。

色彩的表达能力异常强烈，视觉冲击也最直白。在挑选衣服的时候，要先挑选自己喜欢并适合的颜色，这样呈现给他人的时候，也会向他人传递你的性格、从事行业……

高级一定就等于贵吗？简单的、日常的衣服就和高级无缘吗？并非如此。其实，越是简洁就越能制造高级感，颜色太艳丽，颜色种类太多，反而容易变得俗气。

那么，穿哪些颜色富含高级感的呢？

（1）穿白色

穿白色，是最不容易出错的。在国内的许多盛典上，太多想要艳压群芳的女星们争相斗艳，但总是一不小心就用力过度，反倒成了吐槽对象。而选择白色，可以最大限度地帮助你既能美丽动人，又能防止高调出错。

为什么白色会有"高级感"呢？因为它"不接地气"，因为它一碰就脏。所有污渍在这里都无处遁形，所以会呈现给人一种干净整洁的视觉感，还能衬托人的肤质和状态。

在《了不起的盖茨比》里，盖茨比在见迪西的时候穿的就是白色套装，也许只有一身白色，才能让盖茨比向心爱的女人"说"出他最想说的话——我现在是个上层人了。

（2）穿米色

米色显高级，主要是因为这种低饱和度的颜色传达的情绪少，比亮色更收敛。

细数英国贵族日常的《唐顿庄园》里，人们都很喜欢穿米色。再且许多英国皇室和贵族们对这个颜色的偏爱，让人们一看到米色的着装就会自动产生联想，米色具有强烈的代入感，会自动代入贵族的穿着、气质、高级感。

（3）穿灰色系

金钱是不能判断出一个人是否是贵族的，因为贵族的资本不仅仅是有钱，还有学历、地位、见识、阅历、兴趣爱好、文学素养，甚至是生活习惯。贵族们共同的特点是自律而自信、精致而含蓄、沉稳而大气。

被誉为"绅士摇篮"的英国伊顿公学有着严格的着装规范，那里的学生都必须穿着燕尾服，而燕尾服的颜色也代表着不同的身份：全身只有黑白两色的，是普通学生；穿灰色长裤的，则代表他成绩优异并且拥有很高的学生地位，所以灰色有时比黑色还要高级。

不一定只是灰色，在其他色彩中多加入灰色调，也能显得质感更好，备受欢迎的莫兰迪色系正是如此。所谓莫兰迪色系，是指饱和度比较低、明亮度比较低的颜色，通俗理解就是艳丽的反面，例如：大地色、米色、灰色、雾霾蓝等。

当然，最合身的才是最高级的。一件符合所有高级定义的服装，倘若不够合身，一定会穿出另一种背道相驰的感觉。合身，并不是紧身，而是在贴合身体的前提下，又能带给你宽松、舒适的感受。

例如，西装和套装，是比较注重剪裁的，也比较注重是否合身。因此，现在的"私人定制"也是越发流行、火爆。因为适合自己的才是最好的。

最后，我们不仅要穿出高级感，还要活出高级感。穿着只是基础，若要真正活出高级感，除了外在修饰以外，还需要精神上的培养。多看书、运动、健身……培养自己的兴趣爱好，一定能帮助你由内而外地展现出一个更加高级、贵气的状态！

6. 怎样穿出社会责任感

在社交场合，得体的服饰是一种礼貌，会直接影响人际关系的和谐。

影响着装效果的因素有：一是要有文化修养和高雅的审美能力，即所谓的"腹有诗书气自华"。二是要有运动健美的素质，健美的形体是着装美的天然条件。三是要掌握着装的常识、着装原则和服饰礼仪的知识，这是达到内外和谐统一美不可或缺的条件。

古今中外，着装从来都体现着一种社会文化，体现着一个人的文化修养和审美情趣，是一个人的身份、气质、内在素质的体现。从某种意义上说，服饰就是一门艺术，它所传达的情感与意蕴并不能用语言来替代。在不同的场合，穿着得体、适度的人，能够给人留下良好的印象；穿着不当，则会降低人的身份，损害自身形象。

毫无疑问，服装是一种自我表达的方式，它可以表达出你的处世态度、你的生活方式，从而成为他人认识你的工具之一，构成人们对你的初步以及最终的印象。

实际上，得体穿着的作用远不只这些，更重要的作用在于能给人带来自信。虽然不能靠外表来判断一个人，但人们每时每刻都在这样做。心理学家指出，一个人的外表有无魅力，不但决定着别人对他的态度，也影响着这个人对自己的态度。粗制滥造和裁剪不得体的服装无时无刻不在提醒你："我很寒酸，我没有社会地位，我没有得到他人的认可，我一无所有。"

1982 年，为了搞清楚人们穿衣的动机和期望服装带给自己的社会效益，法国迪奥公司做了一次调查。结果显示，人们穿衣的最大目的不是为了漂亮，而是为了增加自信。70% 的人认为穿衣是为了增加自信，55% 的人是为了"在压力下保持镇静"，51% 的人期望自己"看起来比较理解人、关心人"；其中，希望穿衣能让自己显得"更聪明"的人占 42%，为了让自己"看起来更漂亮"的人只有 8%。

的确，穿衣不仅是为了自己，也承担着重要的社会责任。孔子就把服饰作为文明教化的重要议题，将服饰看成人格上的投影。他在《礼·劝学》中说："见人不可以不饰。不饰无貌，无貌不敬，不敬无礼，无礼不立。"在仪容服饰要求上，孔子毫不犹豫地以直线思维推衍，把服饰看作一个人能不能立足于社会的大事。服饰作为一种符号和象征，既可以表明你的身份、个性、气质、情绪和感觉，也可以反映你的追求、理想和情操。

从根本上说，服装是功能性用品而不是观赏性展品。服装与穿着者之间的关系要服从一个原则：不仅是为了让个人看上去更完善，更要让人从本质上变得比以前完善。

如今，多数人是凭感觉或流行来选择着装方式的。可是，感觉不一定就是正确的；流行的服装，不一定都是优秀和健康的，甚至会使人变得肤浅与庸俗起来。日本的板仓寿郎先生曾说："流行是受人们的非理性感情支配的""有时尽管是有害于健康的流行，但也制止不了，十八世纪欧洲妇女使用的紧身胸衣，恐怕就是其中的一个例子"。

中国服装史也证明，服装不仅是外在的护体、保暖和修饰，还是内在的社会文化内涵、精神世界、品格、德性、素养等的体现，只有将"内""外"完美地结合在一起，才能构成完整的形象。因此，服装应"与貌相宜"，应与人的体形相称，应与人的性别年龄、文化素养、内在气质、社会角色等相称；同时，也需要符合一定社会历史的时代风尚和文化氛围。

归根结底，按照 360° 美学的观点，穿衣服可分为四层境界，或者叫四个步骤。第一步是穿喜好，选择什么样的服装及其搭配，完全是循着自己的喜好来的，喜好什么穿什么。第二步是穿弥补，用色彩特点和搭配法则来弥补自己的身材缺陷，目的是扬长避短。第三步是穿规律，根据脸色、肤色的特点和场合，来研究穿什么和怎么穿才合适或者不合适。第四步是穿驾驭，自己完全可以驾驭衣服，既体现匠心独具的别致，又在浓抹与淡妆的转换中游刃有余。

《中庸》上讲："喜怒哀乐之未发谓之中，发而皆中节谓之和。"驾驭衣服与驾驭情绪有着异曲同工之妙。老子说："为学日益，为道日损。"360° 美学的学习与修炼，同样如此。我们不仅要在基础知识上做加法，也要在错误认知上做减法。

孔子说："从心所欲不逾矩。"这是做人的最高境界，也是穿衣服的最高境界。希望各位通过学习和修炼，早日达到那个最高的境界。